SHUDIAN XIANLU WUDONG YUJING JISHU

输电线路舞动
预警技术

梁 允 刘善峰 卢 明 主编

中国电力出版社
CHINA ELECTRIC POWER PRESS

内 容 提 要

本书总结分析了输电线路舞动危害、舞动机理、舞动分布特征和规律，阐述了输电线路覆冰、舞动气象影响因素及精细化气象要素预报技术，重点介绍了基于人工智能和大数据技术的线路覆冰、舞动预警模型和舞动预警系统研究及应用等内容。全书共九章，具体内容包含输电线路舞动概述、我国输电线路历史舞动规律及特点、输电线路覆冰、输电线路舞动影响因素试验与仿真、输电线路舞动气象因素精细化预报、基于数据挖掘的输电线路舞动预警、输电线路舞动监测技术、输电线路舞动预警系统实践和输电线路舞动预警案例分析。

本书可供从事输变电运行维护、技术管理、试验研究等工作的人员阅读使用，同时也可供输电线路防舞设备装置生产厂商的技术人员以及高等院校输电、电气专业的教师和学生参考使用。

图书在版编目（CIP）数据

输电线路舞动预警技术 / 梁允，刘善峰，卢明主编. —北京：中国电力出版社，2021.8
ISBN 978-7-5198-5823-0

Ⅰ．①输…　Ⅱ．①梁…②刘…③卢…　Ⅲ．①输电线路–导线舞动–预警系统　Ⅳ．①TM726

中国版本图书馆 CIP 数据核字（2021）第 143974 号

出版发行：中国电力出版社
地　　址：北京市东城区北京站西街 19 号（邮政编码 100005）
网　　址：http://www.cepp.sgcc.com.cn
责任编辑：崔素媛（010–63412392）
责任校对：黄　蓓　朱丽芳
装帧设计：张俊霞
责任印制：杨晓东

印　　刷：北京雁林吉兆印刷有限公司
版　　次：2021 年 8 月第一版
印　　次：2021 年 8 月北京第一次印刷
开　　本：710 毫米×1000 毫米　16 开本
印　　张：11.25
字　　数：192 千字
定　　价：59.00 元

编 委 会

前　　言

　　进入 21 世纪，特高压交直流输电线路运营里程快速增加，实现了电能的远距离输送，为经济社会发展提供了能源保障。但是，作为电能输送的载体，超长距离的输电线路受气象因素的影响更加明显，灾害性气象现象给输电线路的稳定运行带来更大威胁。覆冰舞动是输电线路安全稳定运行的主要威胁之一，大范围的线路覆冰舞动事故，会造成严重的经济损失和社会影响。

　　输电线路覆冰舞动的产生和发展过程十分复杂。导致线路覆冰舞动的因素众多，不仅涉及气象要素、输电线路结构参数和地形因素，还可能包括许多其他随机因素，而目前的研究多是针对孤立参数进行分析，研究成果具有较大的局限性。同时，输电线路舞动已经不再是单纯的偶发现象，面临新的形势和挑战，现有的舞动预测预警技术在时效性、准确性和普适性方面都有待提升。通过系统分析影响输电线路舞动的主要参数，综合研究多参数、多因素对输电线路舞动的影响关系，是输电线路舞动预测预警技术的发展方向。

　　本书首先对我国有记录的 150 多起（同一时间、同一地区发生的记为 1 起）大范围输电线路舞动事故进行统计分析，总结线路舞动发生的时间、区域、地形和线路特点规律；在此基础上利用大数据分析和实验室仿真方法，对历史舞动数据进行深度挖掘，研究确定引发输电线路覆冰、舞动的主要气象要素；然后利用人工智能技术，研究建立输电线路舞动预测预警模型，完成输电线路舞动预测预警系统的开发，并在电网生产实践中加以应用。

　　本书由国网电力气象联合实验室（河南）高级工程师梁允、刘善峰和教授级高工卢明主编。其中，梁允负责第 3 章编写及全书的统稿工作，刘善峰编写第 6 章，教授级高工李哲编写第 1 章，高级工程师刘莘昱编写第 2 章，教授级高工卢明和工程师王津宇编写第 4 章，教授级高工王磊和工程师李帅编写第 5 章，教授级高工周岐岗、工程师杨磊编写第 7 章，工程师苑司坤、高阳编写第 8 章，工程师王超、崔晶晶编写第 9 章。在开展相关数据分析、模型研究、系统开发过程中，得到了贺翔、耿俊成、陈岑等多位同志，以及河南省气象局魏璐、王丽、李伊吟等多位气象预报预测专业人士的大力支持。在开展生产实践过程中得到了吕中宾、刘泽辉、杨晓辉、魏建林、庞锴、张宇鹏等多位同志的大力支持，在此表示感谢！同时，也对致力于电网防灾减灾技术研究的同事、同仁表示敬意！

　　由于编者水平有限，书中不足或疏漏之处在所难免，技术上也可能存在需要完善之处，敬请读者批评指正。

目　　录

第1章 输电线路舞动概述

本章主要介绍输电线路舞动的基本概念和危害,在分析输电线路舞动防治现状的同时,简单介绍目前主流的输电线路舞动基础理论。

1.1 输电线路舞动概念

输电线路舞动是指风对非圆截面输电线路产生的一种低频（0.1～3Hz）、大振幅的输电线路自激振动,最大振幅可以达到输电线路直径的 5～300 倍。舞动多发生在冬春季节偏心覆冰的输电线路上,振动峰值最大可达 10m。此外在分裂线路中,由于迎风侧线路的尾流效应（见图 1—1）作用于背风侧输电线路,可以产生尾流诱发的振动,其特点是整个档距或次档距发生振荡,幅值为输电线路直径的 20～80 倍。

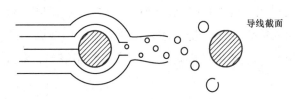

导线截面

图 1—1　分裂线路尾流效应

1.2 输电线路舞动危害

输电线路舞动不仅会对输电设备造成严重损伤,而且会对输电线路本体和运行造成危害，严重时甚至可造成电网大面积停电事故。

1.2.1 对输电设备的危害

输电线路舞动容易导致塔材损伤、断线断股、螺栓松动、金具脱落、跳线串损坏和掉串、线路电弧烧伤以及闪络，严重时会发生杆塔倒塌等机械事故，对电网运行造成极大影响，如图 1-2 所示。

图 1-2 螺栓松动、杆塔倒塌

1.2.2 对输电线路的危害

输电线路舞动时，会发生大幅度长时间的振动，摆动的幅值可能达到数十米，摆动的轨迹多呈椭圆状。当垂直排列的输电线路发生振动时，会造成输电线路相间短路；水平排列的输电线路发生振动时，会造成输电线路与跨越物的绝缘间隙不足进而导致放电，以致发生相间跳闸、闪络，线路烧灼、断线，相地短路等电气故障。

1.2.3 对电网安全的危害

输电线路舞动严重时，线路振动幅度大、舞动时间长，会诱发相间闪络放电，造成输电线路重复跳闸，致使输电线路重合闸失败，严重影响电网各项运行指标，以及输变电设施可靠性指标，容易造成大面积停电事故。

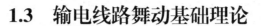

1.3　输电线路舞动基础理论

自 20 世纪 30 年代起，国内外学者开始对输电线路舞动进行实验和理论研究，至今仍没有停止。

1.3.1　输电线路舞动研究现状

1. 国外研究现状

输电线路舞动具有发生机理复杂、防治难度大和破坏力强等特点，是国际公认的难题。舞动问题早在 20 世纪 30 年代由 Den Hartog 提出，以后各国学者对输电线路的舞动进行了广泛的研究。目前国内外所提出的输电线路舞动激发机理主要有四种：Den Hartog 机理、O.Nigol 机理、惯性耦合机理、稳定性机理。其中稳定性机理包含了以上三种机理，即现有各种舞动机理可以看作是稳定性机理的某种特例。Den Hartog 机理由美国人 Den Hartog 于 1932 年 12 月提出，是一种垂直激发机理，他认为当覆冰线路的空气动力阻尼为负，并大于横向固有阻尼时便引起舞动，是一种一维横向振动模型。加拿大人 O.Nigol 自 1972 年开始按各种实际舞动的覆冰模型在风洞进行静力与动力试验，首次提出扭振激发舞动的概念，即所谓的 O.Nigol 机理。他认为输电线路覆冰后在不满足 Den Hartog 机理的失稳条件下，由于输电线路自身的扭振加剧了线路横向振动的空气动力负阻尼效应，从而引发输电线路的横向失稳，产生舞动。惯性耦合机理认为输电线路处于这种激发模式时，其横向振动与扭转振动可能都是稳定的，只是由于覆冰引起的偏心惯性作用引起攻角（接触输电线路的风速与输电线路的运动速度之间的夹角）变化，从而使相应的升力对横向振动形成正反馈，加剧了横向振动，从而累积能量，最后形成大幅度舞动。

2. 国内研究现状

2007—2010 年我国连续发生大面积输电线路覆冰舞动事故，凸显了我国舞动防治技术水平的不足，防舞形势十分严峻，亟需在舞动理论及防治技术等方面开展全面深入地研究工作。国内相关省份近年来提出了舞动天气预警技术框架，框架以现有气象预警监测网络为基础，将气象监测信息和预报预警方法有机结合，建立了

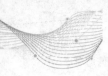

输电线路舞动的气象预警模型计算方案，基于气象预警 Thompson 云微物理方案实现了覆冰舞动气象模拟。在输电线路舞动的试验研究方面，华中理工大学也曾在风洞中做过新月形覆冰线路的空气动力测试，包含覆冰线路的空气动力测试、节段模型试验、防舞装置及其效果的研究等。在试验线路舞动研究方面，多采用塑料或其他材料压铸成所要研究的覆冰线路截面，在自然风中进行起舞和防舞金具的检验性试验。

舞动预警方面，国内电力或气象部门做了一些输电线路舞动分布图方面的研究，比如湖北气候中心利用气象地理法绘制了湖北输电线路舞动分布图，但实现及数据处理方法上目前国内外尚无定论。国网河南省电力公司采用的神经元 SOM 网络模型绘制输电线路舞动分布图和基于切片地图技术的 WebGIS 平台搭建的舞动气象预警平台在国内同类技术领域也是比较先进的。中国电力科学研究院在 2010—2013 年研究提出了舞动天气预警技术框架，框架以现有气象预警监测网络为基础，将气象监测信息和预报预警方法有机结合，在中尺度天气模型 WRF 基础上建立了输电线路舞动的气象预警模型计算方案，基于气象预警 Thompson 云微物理方案实现了分辨率 1km 的覆冰舞动气象模拟，开发了舞动气象预警系统，并在湖北和辽宁进行试点应用。国网河南省电力公司在 2010—2012 年开展了"输电线路舞动气象预警技术研究及工程应用"，该项目采用基于切片地图技术和 WebGIS 平台建立实时舞动监测气象预警系统，实现了输电线路舞动气象预警。目前国内在舞动预警的准确性、舞动预警的深层机理方面的研究还有待提升。

1.3.2　Den Hartog 的垂直舞动理论

1932 年美国学者 Den Hartog 通过数值模拟提出了 Den Hartog 舞动机理。该舞动机理认为，舞动持续的原因是输电线路的偏心覆冰引起的，当水平风荷载作用在覆冰积累截面时，同时产生升力和阻力，当升力曲线斜率负值大于阻力时，输电线路截面上的动力稳定性就被破坏从而引起舞动的持续发展。

1. 理论基础

Den Hartog 理论假设：

1）输电线路断面因覆冰成为椭圆形；

2）输电线路随垂直速度分量出现一个初始运动 S_x；

3）输电线路受风速 v_0 为 5~25m/s 的均匀水平层流气流吹动。

以上假设都表示在图 1-3 中，在这些假设条件下，椭圆长轴与相对风速矢量 v_r 倾斜。v_r 由以下矢量合成：

$$v_r = (v_0 + v_{sz}) + v_{sx} \qquad (1-1)$$

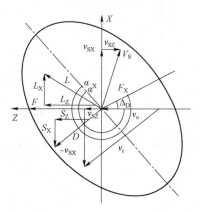

图 1-3 Den Hartog 理论输电线路舞动运动分析

由于不对称，除了顺着相对风速方向的阻力 D 之外，还有一个与相对风速方向垂直的升力 L 作用于输电线路上。定义相对风速 v_r 与椭圆长轴之间的夹角为 α，即气流攻角，α 用下式计算：

$$\alpha = \alpha^* + \Delta\alpha = \alpha^* + \mathrm{arctg}\{-[-v_{sx}/(v_0 + v_{sz})]\} \qquad (1-2)$$

其中，α^* 为稳定的风速矢量 v_0 和椭圆长轴的夹角，即初始攻角。此时，因阻力和升力不再与水平轴 Z 及垂直轴 X 平行，故必须求出合力 F 的分力 F_X、F_Z：

$$F_Z = D\cos\Delta a + L\sin\Delta a \qquad (1-3)$$

$$F_X = L\cos\Delta a + D\sin\Delta a \qquad (1-4)$$

引入升力系数 C_L 和阻力系数 C_D 后，升力和阻力的大小可表示为：

$$升力 \quad L = \frac{1}{2}C_L P\rho v_R^2 \qquad (1-5)$$

$$阻力 \quad L = \frac{1}{2}C_D P\rho v_R^2 \qquad (1-6)$$

式中　P——单位长度输电线路的投影面积，m^2；

　　　ρ——空气密度，kg/m^3；

C_L、C_D——通过风洞实验确定。

升力（阻力）攻角曲线如图 1-4 所示，升力系数与阻力系数随攻角的变化曲线如图 1-5 所示。

从图 1-4 和图 1-5 可知，阻力和阻力系数总是正的，即 $C_D > 0$，而升力和升力系数 C_L 可正可负，可正可负的交变升力是输电线路上下振动所需要的条件。若形成的覆冰截面使夹角接近于升力特性的零位，而且有 $\dfrac{\partial C_L}{\partial \alpha} < 0$，这样输电线路就会舞动。在舞动分析中，力 F 本身不起决定作用，起决定作用的是 $\dfrac{dF}{d\alpha}$ 的变化。由于自激振动可以理解为具有负阻尼的自由振动，普通黏性阻尼力是与振动速度成正

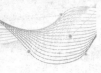

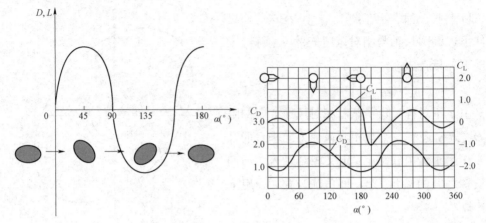

图1-4 升力（阻力）攻角曲线   图1-5 升力系数与阻力系数随攻角的变化曲线

比而方向相反的力，负阻尼同样与速度成正比，但方向与速度方向相同，这样负阻尼将自由振动的振幅增加而不是减小，故 $\dfrac{\mathrm{d}F}{\mathrm{d}\alpha}<0$，即力 F 的方向与断面运动的速度方向相同，阻尼力对系统做正功（即现在成为主动力）转化为系统的动能，使振幅不断增加，自激振动就开始了。

2. 局限性

（1）Den Hartog 理论没有考虑到输电线路的扭转运动。实际的舞动情况常伴随着输电线路的扭转运动，也出现过椭圆形断面的覆冰线路在其长轴与风向一致时的输电线路舞动，这显然与 Den Hartog 舞动机理不符。输电线路发生扭转失稳的原因是分多方面的：一是输电线路单侧覆冰时冰壳重心与原有输电线路轴向重心不重合，会对输电线路产生绕其轴向重心的扭转力矩；二是当风吹到这样的非圆形截面时，由于空气动力的作用中心与输电线路的中心不重合，也产生了绕其轴心的空气动力扭转力矩。输电线路上月牙形偏心覆冰产生的重力矩使得输电线路易于倾翻扭转，作用在冰翼上的空气动力矩也使输电线路易于倾翻扭转，输电线路的扭转运动就因此产生了。

该舞动机理认为，攻角 α 的变化是由输电线路垂直振动速度变化导致合成的相对风向改变而引起的，且变小，输电线路的水平伸长断面不发生舞动。但因输电线路会发生扭转运动，具有扭转角 ϑ，风对输电线路的总攻角不是 α 而是 $\alpha+\vartheta$，当输电线路向上运动时，冰翼的前沿朝下扭转或逆时针扭转，输电线路扭转运动就会发生，水平伸长断面便发生舞动。该学说忽略了输电线路自身性质对舞动的影响。

（2）Den Hartog 舞动机理对自由度考虑不周，无法解释有些舞动现象。Den

Hartog 舞动机理是从理论上建立的单自由度的垂振自激模型,实际上输电线路舞动属三自由度运动,多数情况下都同时出现垂直、水平和扭转三种振动。因为存在输电线路覆冰的偏心惯性,某一运动就会诱发另一运动。若直线运动(垂直或水平)频率和扭转频率接近,强有力的直线运动会通过偏心惯性诱发扭转运动,二者的耦合运动会产生两个固有自激同步运动,形成以直线为主的强迫振荡,诱导产生的输电线路扭转运动严格地与直线运动同步,这就是该模型在多数情况下不适用,而三自由度(偏心惯性耦合说)模型却适用的原因。例如,1959 年英国跨越塞文河和怀河的输电线路在无覆冰的情况下却发生了阵风中的低频振荡。从当年 7 月到次年 2 月共发生舞动 13 次,导致 22 次输电线路碰撞闪弧故障。研究认为这与风的阵风结构、作用于运动线路上的空气动力以及三档组合悬索振动的正常模式有关。

(3)Den Hartog 舞动机理要求条件苛刻。它以振动时空气阻力降低,且出现负阻尼为舞动产生条件,并认为档距两端为固定端,这一要求十分苛刻;实际舞动符合这两个原理,发生舞动的概率也很低。模拟输电线路偏心覆冰风洞试验时从最易引起舞动的 22 种输电线路偏心覆冰形状中选出 5 种舞动概率最高的输电线路覆冰形状进行试验,获得的试验数据几乎无一满足 Den Hartog 运动不稳定条件。可见实际舞动符合该原理的概率微乎其微。

1989 年和 1992 年,我国分别对芜湖皖中的长江跨越输电线路及中山口汉江跨越输电线路进行测试试验,1987 年加拿大也对某一斜拉索杆塔支撑的 400m 跨距的输电线路进行测试试验,均证明该原理有很大的局限性和特例性。

(4)Den Hartog 舞动机理无法解释大量的输电线路覆冰舞动事件。Den Hartog 是假设风速及攻角为常数时得出的准静态结果,不能解释大量的输电线路覆冰舞动事件。但这类事件在现实中却是存在的,美国统计的 69 起覆冰舞动事件中有 42 起是最大覆冰厚度在 5~6mm 的薄覆冰舞动事件,有的薄冰厚度只有 1~2mm 或更薄;俄罗斯统计的覆冰厚度在 5mm 以下的舞动事件有 70 起,占总覆冰数的三分之一。而有些输电线路的舞动是在肉眼看不到有覆冰的情况下发生的,我国进行的相应输电线路覆冰舞动情况统计也与上述结果类似。

1.3.3 O.Nigol 的扭转舞动理论

1974 年 O.Nigol 提出了扭转舞动机理,并认为输电线路的自激扭转是导致输电

7

线路舞动的根本原因。当输电线路覆冰时，反向气动扭转阻尼大于固有阻尼，且为负值时，扭转运动变为自激振动，当自激频率与其输电线路固有频率基本相近时，会发生共振，并且在偏心覆冰输电线路扭转力矩和极惯性质量矩的共同作用下会产生交变力，覆冰的输电线路在该交变力的作用下会发生舞动。扭转舞动是否发生的判断条件如下：

$$\left(1+\frac{\alpha_k v_0}{L w_k}\right)\frac{\partial C_L}{\partial \theta}+C_D\theta_0<0 \tag{1-7}$$

式中　α_k——输电线路第 k 阶扭振腹点振幅，m；

　　　w_k——输电线路第 k 阶扭振腹点圆频率，Hz；

　　　v_0——与输电线路走向垂直的水平风速，m/s；

　　　θ_0——初始攻角。

$$升力系数\ C_L=\frac{F_L}{(1/2)\rho v^2 A} \tag{1-8}$$

$$阻力系数\ C_D=\frac{F_D}{(1/2)\rho v^2 A} \tag{1-9}$$

式中　F_L——单位长度的升力；

　　　F_D——单位长度的阻力；

　　　ρ——空气密度，在 24℃且大气压为 97 325Pa 时为 1.4kg/m³；

　　　v——平均风速，m/s；

　　　A——气动阻尼系数，$A=N\rho vd/2$，其中 N 为输电线路分裂数，d 为输电线路直径。

　　扭转激发舞动产生的条件：第一输电线路上下振动产生的诱导攻角必须在 $C_L-\theta$ 曲线负斜率区域发生；第二扭转振动振型及频率必须与输电线路上下振动振型及频率一致；第三扭振角与输电线路上下振动产生的诱导攻角方向相同。

O.Nigol 舞动动力学模型如图 1-6 所示。

O.Nigol 扭转舞动机理与 Den Hartog 舞动机理都认为作用在输电线路上的空气动力系数必须满足一定值才能使输电线路发生大幅度舞动。但是，该舞动机理也有两个方面的改变：一是考虑了风荷载作用下偏心覆冰输电线路的气动力特性；二是考

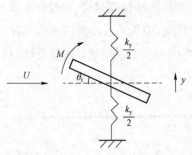

图 1-6　O.Nigol 舞动动力学模型

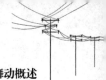

虑了输电线路的扭转运动并且注意到输电线路的负阻尼作用,使舞动机理的发展取得了突破性进步。

O.Nigol 理论考虑了输电线路扭转的影响,这是对舞动理论的重要补充和发展,但它仍不能解释薄覆冰舞动现象,也存在局限性,该机理的三自由度模型相对简单,舞动模型是依据输电线路的扭转运动得出,准确性有待考证。

1.3.4　其他舞动理论

1. P.Yu 的偏心惯性耦合失稳理论

该理论认为输电线路舞动属于三自由度运动,绝大多数情况下都将同时出现垂直、水平和扭转 3 种振动。由于覆冰输电线路存在偏心惯性,既可能通过横向运动(垂直和水平)诱发扭转运动,此时在升力曲线负斜率区域内助长舞动积累能量,在升力曲线的正斜率区域内则反之;也可能通过扭转运动诱发横向运动,此时扭转运动通过耦合项产生一交变力,导致垂直舞动和水平舞动既可发生在升力曲线的负斜率区域内,也可发生在正斜率区域内。该理论能较好地解释实际观测到的很多舞动现象,但它仍不能对薄冰、无覆冰舞动现象做出合理解释。

2. 低阻尼系统共振理论

该理论认为在风作用下,整个架空输电线路各组成单元都产生不同程度的振动,在特殊气象条件下,导地线气动阻尼、结构阻尼降低,其振动会加剧,并激发输电线路产生系统共振,即形成舞动。低阻尼系统共振的舞动理论可以解释传统舞动理论不能解释的薄、无覆冰舞动现象,但是该理论还未通过实践验证。

3. 稳定性舞动机理

该理论认为从稳定性角度来看,舞动是一种失稳。因此,可以通过系统稳定性分析来探讨舞动形成的原因、条件、影响因素以及控制舞动的途径和防舞动装置效果等一系列问题,不必事先判断激发模式。稳定性理论涵盖了竖直与扭转两个方面的稳定性问题。它将 Den Hartog 和 O.Nigol 机理统一于一个运动方程组,能完整、全面地反映舞动的激发机理,避免对二者的分别计算比较,是一种较为合理的分析方法。但是该理论对防舞装置的等效存在较大的误差。

综上所述,现有的舞动基础理论尚不能完整解释所有舞动现象,舞动的基础理论研究有待进一步完善,特别是需要完善多分裂数大截面输电线路微薄覆冰条件下的舞动机理。

第2章 我国输电线路历史舞动规律及特点

我国是输电线路舞动发生最频繁的国家之一,舞动涉及各个电压等级的输电线路。存在一条北起黑龙江、南至湖南的漫长的传统舞动带,因为每年的冬季及初春季节(每年的 11、12 月和次年的 1、2、3 月),我国西北方南下的干冷气流和东南方北上的暖湿气流在我国东北部、中部(偏沿海地区)相汇,这些地区极易形成冻雨或雨凇地带使输电线路覆冰,并且由于风力较强,这条带状区域内的输电线路在冬季由于特殊的气象因素满足了起舞的基本要素后而诱发舞动。其中辽宁省、湖北省、河南省是我国的传统强舞动区。

截至 2015 年,共发生有文字记录的舞动事件(事故)150 多起(同一时间、同一地区发生的记为一起),涉及 35~1000kV 各电压等级输电线路 1300 条次以上,造成经济损失数百亿。1998—2015 年中国 110kV 及以上输电线路舞动记录统计图如图 2-1所示。

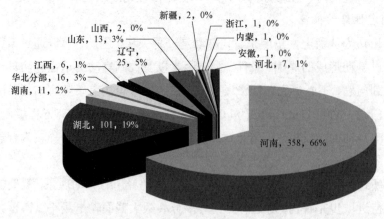

图 2-1 1998~2015 年中国 110kV 及以上输电线路舞动记录统计图

近年来我国的输电线路舞动呈现出三个方面的新特点,一是舞动范围扩大、频度明显增加;二是舞动发生规模远远超过历年,舞动已不能简单认为是个别地区、个别区段的小概率事件,当气象、覆冰、输电线路结构参数等条件满足时,各区域、各电压等级输电线路均可能发生舞动;三是新型输电线路抗舞能力较弱,输电线路舞动过程中,同塔双(多)回输电线路较单回输电线路、紧凑型输电线路较普通输电线路更易发生舞动现象,在相同气象、覆冰及地貌条件下,新型输电线路更易发生舞动,舞动发生后也更易发生跳闸故障,同时更易造成机械故障。2009—2010年输电线路舞动过程中,同塔双回输电线路舞动 390 条次,占舞动输电线路总数的62%;单回输电线路舞动 244 条,占总数的 38%。同塔双回舞动线路中 62%发生跳闸故障,单回舞动线路中 39%发生跳闸故障;4 条 330kV 舞动输电线路均为同塔双回输电线路,全部发生跳闸故障。

与常规单回输电线路相比,同塔双(多)回输电线路、紧凑型输电线路在杆塔结构、挂线方式、相间距离等方面存在明显差异,这些差异导致在同等的气象、区域等条件下,更易发生舞动损坏。主要表现如下。

(1)新型输电线路架线高度明显高于常规输电线路,且多为分裂线路,输电线路截面也较大,这些条件更易于激发输电线路舞动。输电线路舞动主要以垂直方向为主,振幅最大可达 1 倍弧垂甚至更大,在相同条件下,同塔双(多)回、紧凑型因相间距离减小,与单回输电线路相比更容易发生相间闪络跳闸。

(2)国内杆塔设计中,单回路杆塔外形普遍采用酒杯型、猫头型,横担较短;而双回路杆塔外形普遍采用鼓型、伞型,横担较长。舞动发生时,双回路杆塔承受的载荷和弯矩相对较大,更易受损。

(3)相同设计条件下,双回路与单回路耐张塔横担承受静荷载的能力相当。但由于双回路耐张塔横担螺栓较多,松脱破坏的概率较高;多回路输电线路产生较大舞动载荷的组合工况增多,双回路耐张塔在舞动载荷作用下的破坏概率比单回路更高。

2.1　输电线路舞动地域分布特点

通过对我国东北、华北、华中、华东、西北五大区域的输电线路舞动情况进行分析,可以得出,舞动发生较多的地区为东北、华中两大区域,如图 2-2 所示,其中东北地区的辽宁省,华中地区的河南省、湖北省是我国的传统强舞动区。

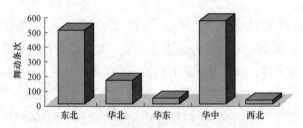

图2-2　输电线路舞动的地域分布情况

东北地区的辽宁省地处欧亚大陆东岸，中纬度地带，气候类型仍属于温带大陆性季风气候。总的气候特点是：寒冷期长、平原风大、东湿西干、雨量集中、日照充足、四季分明。年平均气温4～10℃，1月份气温-17～-5℃，气温大致为东北低、西南高。从辽宁省舞动发生时间的统计数据来看，舞动主要发生在当年11月至次年4月间，因为这期间干冷气流经历了从不断增强到不断削弱的与暖湿气流的交汇过程，期间会形成降雨（冻雨）、降雪，并伴有大风，引起输电线路舞动，因此，辽宁省舞动多发是由特殊的气象条件决定的。此外，特定的地形条件也导致了舞动事故的发生。通过对历史资料的统计，辽宁省输电线路舞动基本都发生在辽宁省南部、中部的平原地带，另外，由于大连、营口等地处沿海地区，输电线路易覆冰，在有些平坦开阔的风口地带也易使得输电线路舞动。而在丘陵、山区，由于地形起伏较明显，气流被扰乱，不能稳定激励覆冰输电线路，很少发生输电线路舞动现象。

华中地区的湖北省处于中国地势第二级阶梯向第三级阶梯过渡地带，地貌类型多样，山地、丘陵、平原兼备，全省地势呈三面高起、中间低平、向南敞开、北有缺口的不完整盆地，资料显示输电线路舞动多发区域主要出现在江汉平原的荆门和鄂西北的襄樊地区，同时武汉周边也是覆冰舞动多发的风险区域，这一地带属于东西两片山区所夹的峡口平原，每当有冷空气南下，此处降温较快，风速、风向相对稳定，非常有利于覆冰舞动的发生。

华中地区的河南省地处中原，位于我国东部季风区内，地跨暖温带和北亚热带两大自然单元，冷暖空气交流频繁，易造成旱、涝、干热风、大风、沙暴以及冰雹等多种自然灾害，尤其冬季恶劣的气象条件很容易引起输电线路覆冰舞动事故。此外，从河南省的地形分布来看，平原地区较多，容易形成稳定的风激励条件，导致输电线路覆冰舞动。资料显示平顶山、开封、商丘、驻马店等地为易舞地市，历史上多发生舞动和舞动倒塔故障。

2.2　输电线路舞动季节特点

对我国输电线路舞动事件发生时间进行统计（见表 2－1），结果显示，每年的 1、2、3、11、12 月这五个月是输电线路舞动发生最集中的季节，称为舞动季节，占总舞动次数的 95.32%。之所以有如此特征，是因为我国大部分地区在秋末冬初或冬末春初的交替季节都会遭遇冷暖气流交汇，形成所谓雨凇区，使得输电线路易于覆冰。并且由于风力较强，非常易于激发舞动事故。因此应加强在舞动季节对输电线路的防舞治理和观测。

表 2－1　　　　　　　　　　　舞　动　与　季　节　的　关　系

时间（月）	1	2	3	4	5	6	7	8	9	10	11	12
占总体的百分比（%）	16.03	49.2	11.3	3.2	0	0	0	0	0	1.5	13.8	5.1

2.3　输电线路舞动地形特点

图 2－3 所示是发生舞动的输电线路所处的地貌形态特点，其中大部分为平原开阔地带，约占总体的 77.3%，丘陵地区约占 15.56%，山谷风口区约占 7.2%。舞动事故多发生在平原地区的主要原因为平原地势开阔，易形成稳定的大气环流，在温度、降水条件适宜的情况下，通过持续稳定的风载作用，输电线路极易形成偏心覆冰，从而引发舞动事故。例如，东北地区的辽宁省舞动事故大多数发生在中部的辽河平原；华中地区的河南省总体地形特征为平原居多，舞动多发地带集中于黄河流域的新乡、开封、平顶山地区，均为平原。资料显示，架设于山谷风口地区的输电线路也有一部分发生了舞动事故，这是由于处于该地带的局部区域形成了较为平坦的地形，加之山谷效应使得风力较强，在降水、湿度条件满足的情况下很容易导致输电线路舞动事故，通常称之为"微地形""微气象"区。例如华北地区的山西省，境内地势起伏，山地丘陵多，平原少，总的地势是"两山夹一川"，东西两侧为山地和丘陵的隆起，中部为一列串珠式盆地沉陷，平原分布其间，交错复杂的地

形使得山西省境内很难形成大范围稳定的气流，而在 2009 年 11 月、2010 年 2－3 月，山西省境内多条 500kV 输电线路发生了明显的舞动事故，经过勘察，大部分输电线路处于两侧山脊所夹的盆地区域，也有部分输电线路处于吕梁山脉的小范围平坦地带，属于典型的"微地形"区。

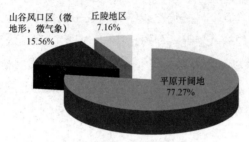

图 2－3　地貌形态与舞动的关系

2.4　舞动的输电线路结构特点

覆冰、风速和地形特点是造成输电线路舞动的外部因素，而输电线路本身的结构特点也对舞动产生一定的影响。

2.4.1　输电线路走向规律

图 2-4 是发生舞动的输电线路走向规律分析结果，其中大部分为东－西走向输电线路，约占总体的 80.84%，南北走向输电线路约占 10.75%。这是由于输电线路覆冰舞动多发生于冬季，而我国大部分地区冬季的主导风向为西北风，风向与东－西向输电线路轴线的夹角较大，导致垂直于输电线路轴向的风力分量作用其上，引起输电线路横向运动；另外一部分南－北走向的输电线路，资料显示当时风向为西南风，风向与输电线路走向的夹角为 45° 左右，风力估测为 7 级（风速约 16m/s），输电线路轻微覆冰，综合来看符合输电线路起舞条件。现场观测输电线路出现多处放电现象，应为舞动引起的相间短路放电。

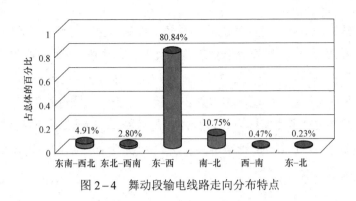

图 2-4　舞动段输电线路走向分布特点

2.4.2　输电线路电压等级规律

表 2-2 所示为输电线路电压等级与舞动条次关系表，其中以常规在运输电线路为主，包括 66、110、220、500kV 等，其中，66kV 线路占比 30.08%，110kV 线路占比 18.32%，220kV 线路占比 32.42%，500kV 线路占比 18.94%。由于特高输电线路数量有限，舞动占比相对较少，仅占 0.07%。

表 2-2　　　　　　　　输电线路电压等级与舞动条次关系表

电压等级（kV）	35	66	110	220	500（330）	750	1000
约占总体的百分比（%）	0.07	30.08	18.32	32.42	18.94	0.07	0.07

2.4.3　输电线路分裂数规律

表 2-3 所示为发生舞动的输电线路分裂数统计，结果表明在同样的气象条件下，分裂导线较单线路更易发生覆冰舞动事件，究其原因是二者在覆冰形状上的差别。对输电线路中心线而言，覆冰一般总是偏心且朝向迎风面的，这个偏心质量引起输电线路绕自身轴线产生扭转，从而改变输电线路的迎风面。这样不断覆冰、不断扭转的结果使得覆冰输电线路的截面形状趋于圆形，以致削弱了作用在输电线路上的空气动力载荷，对舞动有一定的抑制作用。而分裂线路一般都是每隔几十米就有一个间隔棒将各子线路连在一起，在每一个次档距内的子线路两端被间隔棒固定，扭转刚度大大高于相同截面的单线路，在偏心覆冰后很难绕自身轴线扭转，偏心覆冰状况得不到缓解，因此，作用在分裂线路上的空气动力载荷自然比单输电线

路大。对于已经投运和大量在建的特高压输电线路，由于导线直径较大，6分裂以上分裂导线持续增加，在某些地形复杂地区及大跨越线段，舞动问题更应受到重视。

国外也有观测资料表明，在同样的地理与气象条件下，分裂线路比单线路容易产生舞动。基于此，为了抑制输电线路偏心覆冰，研究人员将间隔棒的夹头设计成可回转式，用以恢复子线路的自扭转特性，大大降低了分裂线路的扭转刚度，使输电线路均匀覆冰，从而减小了舞动事故发生的风险。但该方法的防舞动效果不确定，需积累经验验证其效果。

表 2-3　　　　　　　　输电线路分裂数与舞动的关系

输电线路分裂数	约占总体的百分比（%）	
单输电线路	47.31	
双分裂	30.81	
三分裂	0.18	
四分裂	19.23	合计：52.69
六分裂	2.37	
八分裂	0.09	

2.4.4　输电线路截面积规律

图 2-5 所示为发生舞动的输电线路截面积分析结果。其中，输电线路截面积在 200～400mm² 之间的输电线路占多数，约占总体的 74.7%，而输电线路截面积在 200mm² 以下的输电线路发生舞动的概率较小，600mm² 以上的大截面输电线路仅占 2.22%，这是由于我国电网在输电线路的线路截面多为 100～600mm² 之间，900mm² 以上的大截面输电线路应用较少。理论上相同地形、气象条件下大截面输电线路更易发生舞动，因为相比较而言大截面输电线路扭转刚度较大，容易产生偏心覆冰，从而引发舞动事故（部分资料中关于舞动线路的型号不详

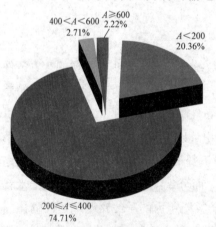

图 2-5　输电线路截面积（mm²）与舞动的关系

或者年代久远已无法考证当时运行线路的型号，故未将其列入统计范围）。

根据历史资料分析，同塔双（多）回输电线路、紧凑型输电线路、大截面输电线路等新型输电线路更容易发生舞动。特别是在 2005 年之后，经过电网升级，500kV 输电线路成为电网的主网架，而 500kV 耐张塔更容易发生舞动损坏。这与输电线路截面较大、分裂数较多有关，主要是因为多分裂、大截面的输电线路扭转刚度大，易形成不均匀覆冰，在风的激励下易发生舞动。同时，河南电网 500kV 网架建设发展迅速，2005 年以来建成投入运行了一大批输电线路，其中东西走向的输电线路占有很大比例，这也是新建输电线路发生舞动概率较大的客观原因。

通过对历史舞动事故的统计分析，可以得出如下结论。

（1）舞动产生的破坏形式是多方面的，以导地线损伤和螺栓松动、脱落为主，其他还包括闪络、跳闸、金具及绝缘子损坏，当舞动程度较严重时会引起杆塔倒塌，导致重大电网事故。

（2）在地域分布上，舞动区域已不仅局限在有限的范围内，而是遍及大部分地区。但是以往定义为传统易舞区或易舞段的湖北、河南、辽宁等省份仍是舞动最为严重的地区，而湖南、河北、山东、浙江、江西、山西、陕西、安徽和江苏等省份，在历史上极少有舞动记录，近几年也相继发生了大范围的舞动事故。

（3）在舞动发生频率上，呈现逐渐增加的趋势，例如 2009—2010 年短短一个冬季全网就发生了七次大范围的舞动现象，几乎是每一次大风降温、冰冻雨雪天气过程，都会有输电线路发生舞动，仅河南就发生了三次大范围的输电线路舞动。舞动已不再是发生在个别省份、个别区段的小概率事件，当气象、覆冰、输电线路参数等条件满足时，各区域、各电压等级的输电线路都可能发生舞动。

（4）舞动事故发生时的气象特点主要表现为覆冰和大风两方面，其中导致输电线路覆冰的主要降水形式是雨凇，温度集中在 $-5\sim3℃$，因为在此温度条件下雨凇发生的概率较大，导致输电线路覆冰，当输电线路覆冰厚度在 $0\sim10mm$ 范围时，较易引起输电线路舞动；风是引起输电线路舞动的必要条件，当风速达到 $4\sim25m/s$ 范围，且风向与输电线路走向夹角大于 $45°$ 时，垂直于输电线路轴线方向的风力分量对输电线路产生横向激励，引发舞动事故。

（5）舞动事故多发生在平原地区，主要原因为平原地势开阔，易形成稳定的大气环流，在温度、降水条件适宜的情况下，通过持续稳定的风载作用，输电线路极易形成偏心覆冰，从而引发舞动事故。调研资料显示，处于易舞区的辽宁省、河南省舞动事故大部分发生在平原地带，但也有小部分发生在山区，属"微地形""微气象"区。

（6）输电线路本身的结构特点是引起舞动事故的内因，分析结果表明，我国东西走向的输电线路较易发生舞动事故，因为冬季我国大部分地区主导风向是西北向，与东西向输电线路轴线方向夹角较大，容易引起舞动事故；大截面线路和分裂线路较之截面较小的线路和单线路在相同的地理、气象条件下更易发生舞动事故，原因在于前者使输电线路扭转刚度变大，容易引起偏心覆冰，改变输电线路空气动力特性，在横向激励作用下，输电线路非常容易起舞。

第3章 输电线路覆冰

输电线路覆冰（包括覆雪情况）是危害输电线路安全运行的一个重要因素。覆冰的形成由温度、湿度、冷暖空气对流以及风等气象条件决定，当大气中有足够的过冷却水滴与输电线路表面接触，快速冻结在输电线路表面便形成输电线路覆冰现象。

3.1　影响覆冰的气象因素

影响输电线路覆冰的主要气象因素包括气温、空气相对湿度、风速、风向、云中过冷却水滴的直径及凝结高度等参数。

3.1.1　空气温度

最易覆冰的温度为$-6\sim0℃$。若近地面气温太低，则过冷却水滴都变为雪花，形成不了线路覆冰。正因为如此，严寒的北方地区冰害事故反而比南方的云南、贵州、湖南、湖北轻。

3.1.2　空气相对湿度

相对湿度一般在85%以上。例如，湖南省每逢严冬和初春季节，因阴雨连绵，空气湿度很高（90%以上），致使输电线路极易覆冰，且多为雨凇。

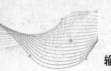

3.1.3 风速风向

由于风对云和水滴有输送作用，故对输电线路覆冰有重要影响。无风和微风时有利于晶状雾凇的形成，风速较大时则有利于粒状雾凇的形成。几乎所有计算输电线路覆冰的模型都包含风速这一因素，一般而言，风速越大（0～6m/s 范围内），输电线路覆冰越快。而风向主要会对覆冰形状产生影响，当风向与输电线路垂直时，结冰会在迎风面上先生成，产生偏心覆冰，而当风向与输电线路平行时，则容易产生均匀覆冰。

输电线路覆冰一般是发生在严冬或者初春季节，其基本过程为：当环境气温降到 $-5～0℃$，风速为 3～15m/s 时，如果有大雾或细雨，输电线路上首先会形成雨凇；随着天气温度继续降低，出现雨雪天气，冻雨和雪会在黏结强度较高的雨凇面上迅速生长，形成较厚的冰层；如果温度降至 $-15～-8℃$ 时，在原有冰层的基础上会形成雾凇。因此，对输电线路会造成严重危害的覆冰形式主要有雨凇、雾凇和混合凇等类型。输电线路上形成覆冰须具备 3 个条件：① 空气湿度较大，一般 90%～95%，干雪不易凝结在输电线路上，雨凇、冻雨或雨夹雪是输电线路覆冰常见的气候条件；② 合适的温度，一般为 0℃ 左右，温度过高或过低均不利于输电线路覆冰；③ 可使空气中水滴运动的风速一般大于 1m/s。表 3-1 为影响输电线路覆冰的主要因素。

表 3-1 影响输电线路覆冰的主要因素

影响因素		简要描述
气象	空气温度（℃）	雨凇：$-5～0$；雾凇：-8 以下，一般 $-15～-10$；混合凇：$-9～-3$
	风速风向	覆冰表面的平衡温度为风速函数；风向与输电线路垂直或者夹角大于 45°或小于 150°，覆冰较严重
	空气中或云中过冷却水滴直径（μm）	雨凇：10～40；雾凇：1～20；混合凇：5～35
	空气中液态水含量	
季节		主要发生在当年 11 月至次年 3 月之间，尤其以入冬和倒春寒时覆冰发生的概率最高
地形及地理条件	山脉走向和坡向	东西走向的迎风坡覆冰较背风坡严重
	山体部位	分水岭、垭口、风道等覆冰严重
江湖水体		水汽充足时，输电线路覆冰严重；附近无水源时，输电线路覆冰较轻

影响因素		简要描述
海拔高程	海拔	海拔越高，越易覆冰，覆越厚，且多为雾凇
	覆冰发生的凝结高度	覆冰的一个特征参数，也是重要因素之一
林带及其他地物	削弱风的强度，使过冷却水滴输送功率减小，从而减轻输电线路覆冰	
输电线路走向及悬挂高度	输电线路走向	东西走向较南北走向的输电线路覆冰严重
	输电线路悬挂高度	悬挂高度越高，覆冰越严重
输电线路扭转	扭转促使进一步覆冰	
输电线路表面场强	较小场强下，覆冰量、冰厚和密度随场强增加。但电场足够高时，带电输电线路比不带电输电线路覆冰少，覆冰密度也较小	

3.2 覆 冰 形 成 机 理

输电线路覆冰是热力学和流体力学共同作用的结果，本节介绍其理论基础。

3.2.1 线路覆冰的热力学机理与模型

覆冰是液态过冷却水滴释放潜热固化的物理过程，与热量交换和传递密切相关。输电线路覆冰量、冰厚、冰的密度都取决于覆冰表面的热平衡状态。

覆冰表面的热平衡方程为：

$$Q_r + Q_v + Q_a = Q_c + Q_e + Q_l + Q_s \tag{3-1}$$

式中　Q_r——冻结时释放的潜热，J/（m²·s）；

　　　Q_v——空气摩擦对冰面的水滴加热产生的热量，J/（m²·s）；

　　　Q_a——将冰从0℃冷却到覆冰表面稳态温度释放的热量，J/（m²·s）；

　　　Q_c——覆冰表面与空气的对流热损失，J/（m²·s）；

　　　Q_e——覆冰表面蒸发或升华产生的热损失，J/（m²·s）；

　　　Q_l——碰撞输电线路的过冷却水滴温度升高到0℃时释放的热量，J/（m²·s）；

　　　Q_s——冰面辐射产生的热损失，J/（m²·s）。

式（3-1）左边为覆冰表面吸收热量，右边为损失的热量。当左边小时，碰撞的过冷却水滴全部冻结在覆冰表面，覆冰表面干燥，为干增长覆冰过程；当左边大时，输电线路捕获的水滴部分冻结，其余部分则以液体水原样流失，覆冰则为湿增长过程。该式忽略了覆冰湿增长中流失水滴、碰撞水滴动能和热传导等对覆冰的影响，未考虑输电线路传输电流及电场对输电线路覆冰的影响。进一步分析覆冰表面的热传递，可以建立更为完善的输电线路覆冰的热平衡方程。在不考虑电晕电流影响的条件下，输电线路覆冰的热平衡方程为：

$$Q_f + Q_v + Q_k + Q_a + Q_n + Q_R = Q_c + Q_e + Q_l + Q_s + Q_i + Q_r + Q_q \qquad (3-2)$$

式中　Q_f——水滴冻结释放的潜热，J/（m^2·s）；

$\quad\quad Q_k$——过冷却水滴碰撞冰面的动能加热，J/（m^2·s）；

$\quad\quad Q_n$——日光短波加热，J/（m^2·s）；

$\quad\quad Q_R$——传输电流焦耳热，J/（m^2·s）；

$\quad\quad Q_i$——热传导损失，J/（m^2·s）；

$\quad\quad Q_r$——离开冰面水滴带走的热损失，J/（m^2·s）；

$\quad\quad Q_q$——风强制对流热损失，J/（m^2·s）。

在分析冻结系数和冰面温度及其他影响因素后，进一步指出输电线路覆冰增长的必要条件为：

$$湿增长\ 0 \leqslant \alpha_3 \leqslant 1；\ \theta_a < \theta_s = 0； \qquad (3-3)$$

$$干增长\ \alpha_3 = 1；\ \theta_a < \theta_s < 0； \qquad (3-4)$$

式中　α_3——输电线路覆冰的冻结系数；

$\quad\quad \theta_a$、θ_s——分别为环境、冰面稳态温度，℃。

3.2.2　线路覆冰的流体力学机理与模型

输电线路覆冰的流体力学模型建立及机理分析上存在的差异导致输电线路覆冰增长过程模型种类繁多，各有其特点及局限性。下面是几种典型模型。

（1）单位长度圆柱体覆冰增长率为：

$$\mathrm{d}M / \mathrm{d}t = 2ErvW \qquad (3-5)$$

式中　M——单位长度圆柱体覆冰量，g/m；

$\quad\quad t$——覆冰时间，s；

$\quad\quad E$——收集系数，0～1；

$\quad\quad r$——圆柱体半径，m；

$\quad\quad v$——风速，m/s；

W——雾中水质量浓度，g/m^3。

（2）冰重增长率为：

$$dM = 2\lambda r_w v_d dt \qquad (3-6)$$

式中　dM——一定大小水滴产生的冰重增长率，g/h；

　　　　r_w——空气平均相对湿度，%；

　　　　v_d——水滴在气流中实际速度，m/s。

其中 λ 可由式（3-7）计算：

$$2\lambda = D\left\{1 - \frac{1}{\left[2m_d(v_d - v_w)/k_s\right]^2 + 1}\right\} \qquad (3-7)$$

式中　v_w——风速，m/s；

　　　　m_d——水滴质量，g；

　　　　k_s——Stokes 系数；

　　　　D——输电线路直径，mm。

（3）输电线路覆冰量 M 为：

$$M = \int_0^T \alpha_1 v w S_0 dt \qquad (3-8)$$

式中　α_1——碰撞率，指碰撞在输电线路表面的过冷却水滴与空气中过冷却水滴的比例；

　　　　w——空气中过冷却水质量浓度，g/m^3；

　　　　S_0——输电线路在迎风面上的投影面积，m^2。

3.3　覆冰的基础形态

3.3.1　覆冰的主要形式

研究表明，大气中过冷却水遇到温度低于冰点的架空线路表面而释放潜热并凝固，形成线路覆冰。雨凇、雾凇是线路覆冰较为常见的形式。雨凇一般发生在低海拔地区，环境温度接近冰点，冻雨伴随大风，积冰透明，在输电线路上的黏附力很强，冰的密度比较高，但持续时间一般较短。雾凇通常是山区低层云中含有的过冷水滴，在极低的温度与风速较小情况下形成。其特征表现为，白色不透明、晶状结构、密度小，在输电线路上的黏附力比较弱。混合凇一般是由雨凇进一步演化形成。输电线路长期暴露在湿气中，温度降到冰点以下，风比较大形成混合凇，其密度较高，生长速度较快，对输电线路危害非常严重。

表 3-2 给出了几种常见的覆冰形式及其特征。

表 3-2 几种常见的覆冰形式

覆冰形式	冰型密度（kg/m³）	覆冰特征	气象条件
雨凇（glaze）	700～900	实体冰，附着力强，生长速度快，密度大，有水滴出现，可以形成冰柱	冻雨，-1～-5℃，较大的过冷却水滴（直径几毫米）
湿雪（wet snow）	100～850	形状取决于风速和输电线路扭转特性，生长速度快，持续时间长	0.5～2℃，雪片直径达到几毫米
干雪（dry snow）	50～100	类似于（软）雾凇，松散易碎结构	-7～0℃，小雪，细小的冰晶或雪丸
霜凇（hard rime）	300～700	更易在单丝上生长，密度较低，附着结构较脆，但附着力强	-3℃以下；较小的过冷却水滴（直径小于10μm）；低云、雾或霜
（软）雾凇（soft rime）	150～300	比霜凇更软，密度更小，附着力小，但仍可以明显改变输电线路截面特性	0℃以下；较小的过冷却水滴（直径小于10μm）；低云、雾或霜
薄冰	700～900	实体冰	过冷却的雾滴或霜滴

雨凇多发生在冻雨天气下，而冻雨的形成机制主要分为冰相机制和暖雨机制两种，如图 3-1 所示。① 冰相机制，温度高于 0℃的暖空气层覆盖在冷空气上，雪花（冰晶）在下落过程中经过暖层融化为液滴，然后在经过近地面冷层过程中变成过冷却液滴，当其碰到物体表面时就会冻结。当较强的冷空气南下遇到暖湿气团时，冷空气楔入暖空气下方，近地层气温骤降到零度以下，暖湿空气被抬升，并成云致雨，这种冻雨多出现在暖锋面一侧，此类冻雨出现时中底层存在一个逆温层，大气垂直结构呈上下冷、中间暖的状态，自上而下分别为冷层（冰晶层）、暖层和冷层，这是"冰相机制"的主要特点。② 暖雨机制，即大气垂直结构没有气温高于 0℃的暖层存在，均是小于 0℃的冷层，过冷却云滴通过碰撞合并过程增长成雨滴，液态雨滴直接以过冷却状态下落，导致冻雨出现，遇到低于冰点（0℃）的输电线路便形成线路覆冰。研究成果表明，我国冻雨主要以暖雨机制为主，占总数的 73%，冰相机制占 27%。我国北方的冻雨机制比较单一，主要为冰相机制，南方为两种机制共存。雨凇导致输电线路覆冰的气象条件主要有：空气相对湿度在 85%以上、风速大于 1m/s、气温及输电线路表面温度为-2～0℃。

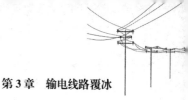

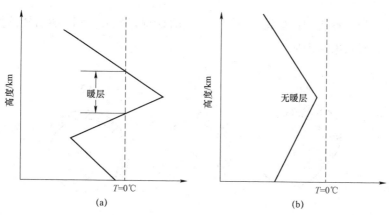

图 3-1　两种不同冻雨机制

（a）冰相机制；（b）暖雨机制

　　雾凇形成过程主要有两种。一种是过冷却雾滴碰到冷的地面物体后迅速冻结成粒状的小冰块，叫粒状雾凇，它的结构较为紧密，这种情况一般为云中覆冰，其特点是地面无降水，多发生在山地。另一种是由雾滴蒸发时产生的水汽凝华而形成的晶状雾凇，结构较松散，稍有震动就会脱落。雾凇的密度小、重量轻，对于电线的破坏性要比雨凇小得多。但当电线上的雾凇严重时会折断电线，造成停电事故。一般情况下，雾凇导致输电线路覆冰的气象条件主要有：空气相对湿度在 85% 以上、风速大于 1m/s、气温及输电线路表面温度为 $-13 \sim -8\,^\circ\text{C}$。

3.3.2　覆冰常见形状

　　研究表明：在气温为 $-11 \sim -8\,^\circ\text{C}$、雨量较少的情况下，由于细小水滴与试件表面一触即凝，易形成典型的新月形覆冰，如图 3-2（a）所示；而当气温较高、雨量较大时，水滴到达试件表面时达不到一触即凝，此时，如风速较低，则形成典型的扇形覆冰，如图 3-2（b）所示；若风速较低，则在水滴未凝结之前，被风推挤而形成近似 D 形的覆冰，如图 3-2（c）所示。新月形截面最容易引起输电线路的气动力失稳，导致输电线路的低频大幅舞动。

3.3.3　覆冰厚度

　　输电线路覆冰厚度对线路的气动特性参数有一定影响。在不同的风速条件下，

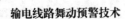
覆冰厚度对升力系数、阻力系数和扭矩系数的影响有很大差别。随着覆冰厚度的增加，舞动的振幅也会增加。

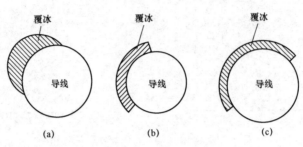

图 3-2　典型覆冰截面形状
(a) 新月形；(b) 扇形；(c) D 形

3.3.4　覆冰危害

从力学角度分析，输电线路发生覆冰对线路造成的危害主要有三种情况：输电线路静载过载、覆冰舞动和脱冰跳跃。之所以覆冰是输电线路舞动激发的一个重要条件，是因为输电线路发生偏心覆冰会改变线路截面形状从而改变线路空气动力特性，同时输电线路覆冰也会改变输电线路系统本身的结构性质，这些改变在适当的条件下会激发舞动。通常观测到的易舞动覆冰厚度为 3～10mm。覆冰多发生在风作用下的雨凇、雾凇、霜凇及湿雪堆积于输电线路的气象条件下，其中雨凇是输电线路覆冰舞动最具威胁性的天气。具体而言，影响输电线路舞动发生的覆冰因素主要体现在覆冰类型和形状上，包括覆冰偏心度、覆冰重量和覆冰空气动力特性等。

3.4　输电线路覆冰增长试验

通过对不同输电线路直径、温度、风速等条件下覆冰增长情况研究得知，在相同覆冰环境下，不同型号输电线路覆冰厚度随时间增长的关系有差异，且输电线路直径越小其覆冰厚度增长越快；温度、风速对输电线路表面覆冰增长有影响，且相同覆冰时间内，风速越大（小于 5m/s）、温度越低（0～-8℃），输电线路表面覆冰厚度越厚；在任一覆冰环境参数下，当输电线路运行电流达到一定值时可以防止其覆冰，且输电线路临界防冰电流与输电线路型号、气象参数等有关。

3.4.1　线路型号对覆冰增长的影响

对不同型号输电线路覆冰增长过程进行对比试验研究，以通入电流 150A 为例，覆冰试验环境参数为风速 5m/s、温度 −6℃、液态水密度 80g/m³，水滴颗粒中值体积直径（MVD）为 120μm，试验结果如图 3−3 所示。

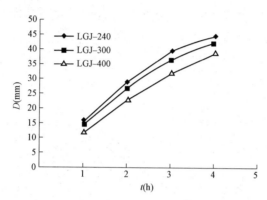

图 3−3　不同型号输电线路覆冰增长与时间的关系

由图 3−3 可以看出：

（1）对于所试验的 3 种不同型号输电线路，随着覆冰时间的增加，输电线路表面覆冰均随之增长，且输电线路表面覆冰增长与时间的关系均为非线性的。

（2）在相同覆冰环境下，不同型号输电线路覆冰厚度随时间增长的关系有差异，且输电线路直径越小其覆冰厚度增长越快。例如覆冰 2h 后，LGJ−240、LGJ−300 和 LGJ−400 型输电线路覆冰厚度分别为 28.7、26.4mm 和 22.6mm。其原因是输电线路直径越大，输电线路的迎风面截面积增大，从流体力学角度出发，气流的黏滞力使小水滴偏离输电线路的加速度垂直来流方向的分量增大，偏离运动距离增大，因此小水滴对输电线路的碰撞率减小，即输电线路捕获水滴的概率减小导致其覆冰较少。

（3）随着覆冰时间的增长，不同型号输电线路覆冰厚度的差异逐渐减小。其原因是直径小的输电线路覆冰厚度增长较快，使得输电线路和冰层总外径快速扩大；直径大的输电线路覆冰厚度增长较慢，使得输电线路和冰层总外径增长缓慢。因此可以推测，随着时间的增长覆冰后的 3 种输电线路直径差值越来越小。

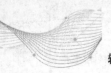

3.4.2 环境参数对线路覆冰增长的影响

输电线路的覆冰是由温度、湿度、冷暖空气对流、环流以及风等因素决定的综合物理现象，研究表明输电线路覆冰影响主要因素是温度、风速和液态水含量，水滴颗粒中值体积直径大小对覆冰影响不明显。从最苛刻条件研究输电线路覆冰增长过程，即试验环境湿度是在过饱和水状态下进行的，因此主要讨论温度和风速对输电线路覆冰影响。对不同风速下输电线路覆冰增长过程进行了对比试验研究，以 LGJ－300 型输电线路为例，通入电流 300A，覆冰试验环境参数为温度－5℃、液态水密度 $93g/m^3$，水滴颗粒中值体积直径（MVD）为 $112\mu m$，试验结果如图 3－4 所示。

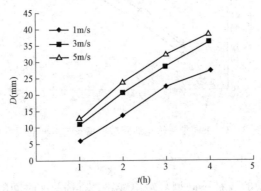

图 3－4　不同风速下输电线路覆冰增长与时间的关系

由图 3－4 可知：风速对输电线路覆冰过程有影响，且相同覆冰时间内，风速越大（＜5m/s），输电线路表面覆冰厚度越厚。覆冰 4h 后，风速分别为 1、3m/s 和 5m/s，输电线路表面覆冰厚度分别为 27.3、36.2mm 和 38.6 mm。其原因是风速越大，水滴颗粒偏离气体流线越多，从而更容易与输电线路发生碰撞，水滴碰撞的输电线路表面极限区域更大，输电线路表面总的水滴碰撞系数和局部水滴碰撞系数因相同表面上水滴撞击量的增多而增大，即单位时间内碰撞到输电线路的可供捕获和冻结的水滴多；同时风速越大，加速水滴颗粒的对流热交换过程，使输电线路表面损失的热量更多，更有利于水滴颗粒的冻结并加速覆冰增长。对不同温度下输电线路覆冰增长过程进行了对比试验研究，以 LGJ－300 型输电线路为例，通入电流 300A 为例，覆冰试验环境参数为风速 5m/s、液态水密度 $93g/m^3$，水滴颗粒中值体积直径（MVD）为 $112\mu m$，试验结果如图 3－5 所示。

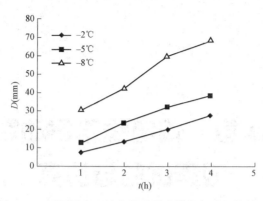

图 3 – 5　不同温度下输电线路覆冰增长与时间的关系

　　由图 3 – 5 可知：（1）环境温度对输电线路的覆冰增长过程有影响，且相同覆冰时间内，温度越低（0～ – 8℃），输电线路表面覆冰厚度越厚。覆冰 4h 后，温度为 – 2、– 5℃和 – 8℃下输电线路覆冰表面厚度分别为 27.2、38.6mm 和 68.2mm，其原因是湿增长环境中，水滴颗粒自上而下运动，并伴随着与环境交换能量的过程。环境温度越低，水滴颗粒冷却速度越快，则水滴颗粒从输电线路表面往下运动时越容易冻结成冰。

　　（2）环境温度对覆冰形成类型有影响，当风速为 5m/s 且覆冰环境温度为 – 5℃时，输电线路表面形成透明、坚硬的冰，当风速为 5m/s 且覆冰环境温度低于 – 8℃时，输电线路表面形成奶色半透明的冰。测量其覆冰密度可得，– 5℃和 – 8℃下的覆冰密度分别为 0.87g/cm³ 和 0.74g/cm³，即在此覆冰环境参数下且温度低于 – 5℃时，输电线路表面覆冰类型为雨凇，温度为 – 8℃时，输电线路表面覆冰类型为雾凇。

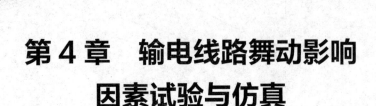

第4章 输电线路舞动影响因素试验与仿真

架空输电线路舞动是不均匀覆冰线路在风力的作用下引起的一种低频率（0.1~3Hz）、大振幅的自激振动现象。引起输电线路舞动的机理相当复杂，至今未能建立起完善的理论体系。研究和实践认为，输电线路舞动除了受外界气象因素影响，还与输电线路自身结构有关。普遍认为覆冰后的输电线路，在风的激励下更容易发生舞动。

本章依托国家电网公司重点实验室——输电线路舞动防治技术实验室，在真型输电线路上开展不同冰型、不同线路结构参数和不同风场条件下输电线路舞动特性试验和分析，并开展仿真模拟研究。输电线路舞动防治技术实验室采用世界上线路最长、导线分裂数和杆塔塔型最多、试验功能最齐全的真型试验线路，能够实现双分裂、四分裂及六分裂导线在人工模拟冰和自然风激励下的长周期、大振幅、高频次舞动。

4.1　覆冰对输电线路气动失稳的影响

线路覆冰是舞动的必要条件之一。覆冰多发生在风作用下的雨淞、雾淞及湿雪堆积于线路的气候条件下。线路覆冰与降水形式及降水量有直接关系，而又与温度的变化密切相关，常发生在先雨后雪，气温骤降（由零上降至零下）情况下，且线路覆冰不均匀，形成所谓的新月形、扇形、D形等不规则形状，冰厚从几毫米到几十毫米，此时，线路便有了比较好的空气动力性能，在风的激励下会诱发舞动。

本节分别以二分裂、四分裂和六分裂线路为研究对象，分析不同形状覆冰、初凝角和风速对输电线路舞动的影响。

4.1.1　不同冰形的输电线路气动失稳特征

为测得分裂线路的整体气动力，需要一底部端板来连接分裂线路，并在试验时要消除连接板自身的气动力对分裂线路气动力的影响。

试验模型装置如图 4-1 所示。上端板为直径 1200mm、厚度 1cm 的松木板，端板与模型间距尽量小，一般为 2mm 以下。二、四分裂输电线路通过下部边长为 550mm 的正方形铝合金连接板相连，六分裂输电线路通过边长为 500mm 的正六边形铝合金板相连，连接板通过转接装置与高频测力天平相接。连接板外围有一厚度为 1cm 的导流板，其上部与之齐平。连接板与导流板之间有极小的空隙，模型转变风向角时，连接板跟着一起转动而下导流板固定不动。为了保证下端板刚度以及方便安装模型，下导流板四周使用等角度间隔的可调支撑螺杆。

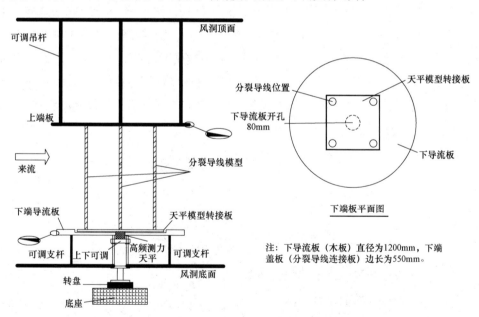

图 4-1　分裂线路模型装置示意图

为消除风洞的边界层效应，高频天平与转盘之间放入高度为 28cm 的支撑，其上端与高频天平刚性连接，下部与转盘刚性连接。图 4-2 为风洞试验中模型装置的照片。

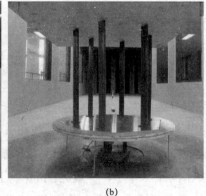

(a)　　　　　　　　　　　　　　(b)

图 4-2　分裂输电线路试验照片
（a）二分裂；（b）六分裂

1. 新月形覆冰输电线路气动力特性

由于间隔棒约束了分裂线路各子线路之间的相对运动,通常情况下覆冰分裂线路可以看成是整体舞动,因而相比各子线路的气动力特性,覆冰分裂线路整体气动力特性对于研究其舞动研究更具有意义。此外,由于分裂线路整体扭转频率相对单根线路大幅度降低,与其平动频率相接近,容易发生 Nigol 扭转舞动,因而其整体气动扭矩特性尤为重要。因此,本章中有关分裂线路的气动力特性均是针对整体气动力而言。为便于与单线路的气动力系数对比,定义气流轴下分裂线路的整体阻力、升力系数、扭转系数如下:

$$\text{整体阻力 } C_D^N(t)=\frac{1}{N}\frac{F_D(t)}{0.5\rho U^2 DH}$$

$$\text{升力系数 } C_L^N(t)=\frac{1}{N}\frac{F_L(t)}{0.5\rho U^2 DH} \tag{4-1}$$

$$\text{扭转系数 } C_M^N(t)=\frac{1}{N}\frac{M(t)}{0.5\rho U^2 DBH}$$

式中　$C_D^N(t)$——分裂线路整体阻力系数;

$C_L^N(t)$——分裂线路升力系数;

$C_M^N(t)$——分裂线路扭转系数;

N——分裂子线路的数量,$N=2,4,6$;

ρ——空气密度,kg/m³;

U——平均风速,m/s;

H——导线的有效长度,m;

B ——分裂线路中心到旋转中心的距离，对二分裂线路 $B=224\text{mm}$，对
　　　四分裂线路 $B=318\text{mm}$，对六分裂线路 $B=375\text{mm}$，这里为了与
　　　单线路对比统一采用 $B=D=26.8\text{mm}$；

$F_D(t)$ ——分裂线路整体气动阻力；

$F_L(t)$ ——分裂线路整体气动升力；

$M(t)$ ——分裂线路整体气动扭矩。

图 4-3～图 4-5 给出了分裂线路的阻力和升力系数曲线随攻角的变化图。由
图中可以看出，新月形覆冰的单线路与二分裂及四分裂线路的整体升力系数基本一
致。两个尖峰分别位于 $15°\sim20°$ 和 $170°\sim175°$ 之间。分裂线路的阻力系数与单
线路有所不同，分裂线路的阻力系数曲线整体上呈 "M" 形，在 $70°$、$90°$ 和 $110°$
攻角附近出峰值，尤其是在 $90°$ 攻角附近分裂线路的整体阻力系数下降最大，这可
能与 $90°$ 攻角下上流子输电线路的实际迎风面积最大及下流子线路的尾流效应最
为明显有关。

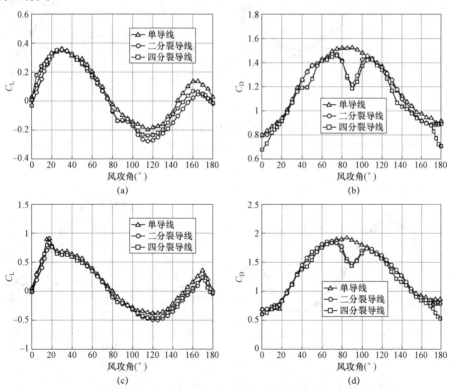

图 4-3　新月形覆冰分裂线路升力、阻力系数（5%湍流）（一）

（a）升力系数（0.25D）；（b）阻力系数（0.25D）；（c）升力系数（0.5D）；（d）阻力系数（0.5D）

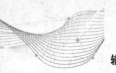

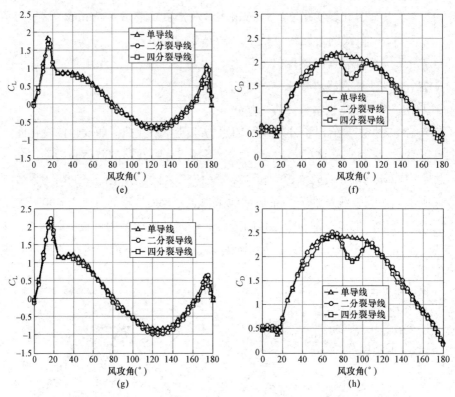

图4-3 新月形覆冰分裂线路升力、阻力系数（5%湍流）（二）

（e）升力系数（0.75D）；（f）阻力系数（0.75D）；（g）升力系数（1.0D）；（h）阻力系数（1.0D）

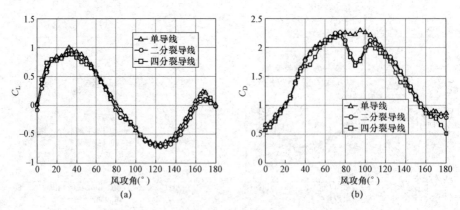

图4-4 新月形覆冰分裂线路升力、阻力系数（均匀流）（一）

（a）升力系数（0.75D）；（b）阻力系数（0.75D）

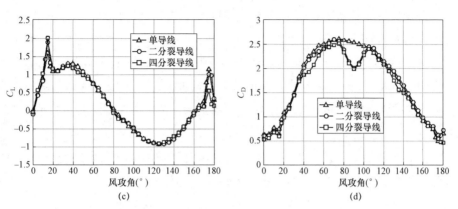

图 4-4　新月形覆冰分裂线路升力、阻力系数（均匀流）（二）

（c）升力系数（1.0*D*）；（d）阻力系数（1.0*D*）

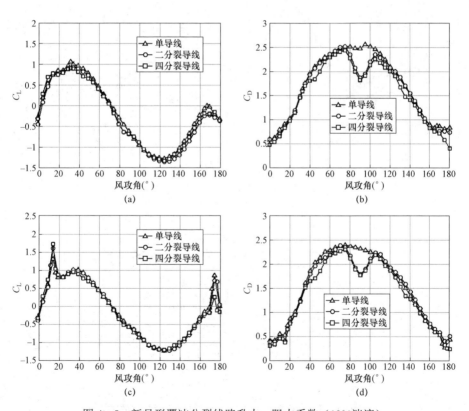

图 4-5　新月形覆冰分裂线路升力、阻力系数（13%湍流）

（a）升力系数（0.75*D*）；（b）阻力系数（0.75*D*）；（c）升力系数（1.0*D*）；（d）阻力系数（1.0*D*）

输电线路舞动预警技术

2. D形覆冰分裂输电线路气动力特性

三种湍流度下标准 D 形覆冰分裂线路的气动三分力系数如图 4-6～图 4-8 所示。由图可知，标准 D 形覆冰除 90°攻角外，分裂线路与单线路的升力系数相差不大。分裂线路尤其是四分裂线路的阻力系数由于尾流干扰及实际迎风面积的变化，在 0°、45°、90°和 180°攻角附近较单线路有较大下降。整体的扭转系数则由于子线路升力和阻力的贡献与单线路差别很大，尤其是在 90°攻角附近，扭转系数最大。

六分裂线路由于尾流的干扰，使单线路与分裂线路的气动力差别很大，JD-6模型与 JD-1 模型的比较如图 4-9～图 4-11 所示。

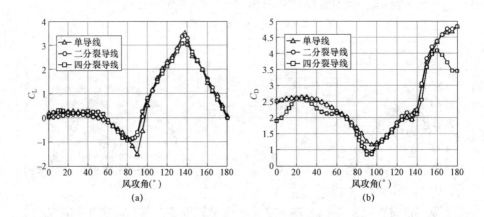

(a)　　　　　　　　　　　　　(b)

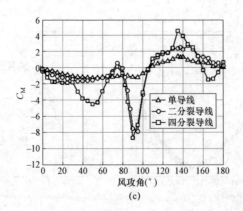

(c)

图 4-6　D 形覆冰分裂线路三分力系数（5%湍流度）

（a）升力系数；（b）阻力系数；（c）扭转系数

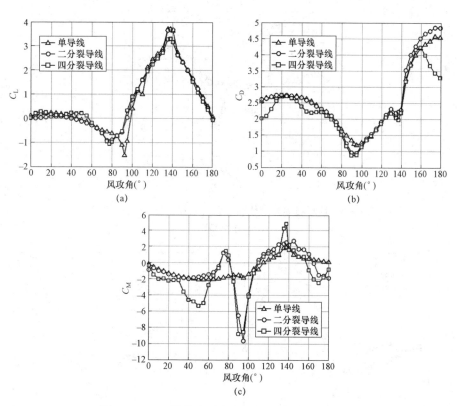

图 4-7　D 形覆冰分裂线路三分力系数（均匀流）

（a）升力系数；（b）阻力系数；（c）扭转系数

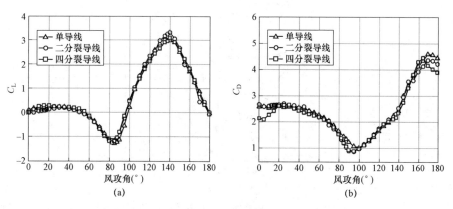

图 4-8　D 形覆冰分裂线路三分力系数（13%湍流）（一）

（a）升力系数；（b）阻力系数

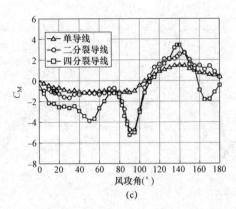

(c)

图 4-8 D 形覆冰分裂线路三分力系数（13%湍流）（二）

（c）扭转系数

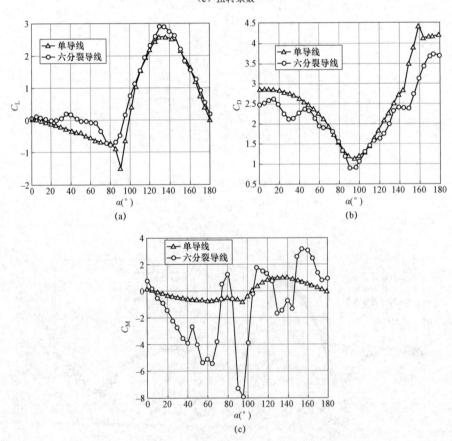

(a)

(b)

(c)

图 4-9 JD-6 模型三分力系数（均匀流）

（a）升力系数；（b）阻力系数；（c）扭转系数

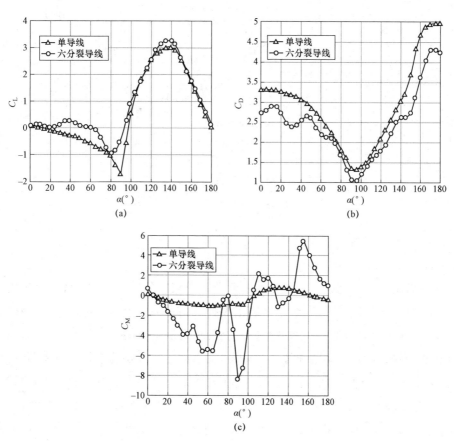

图 4-10　JD-6 模型三分力系数（5%湍流）

（a）升力系数；（b）阻力系数；（c）扭转系数

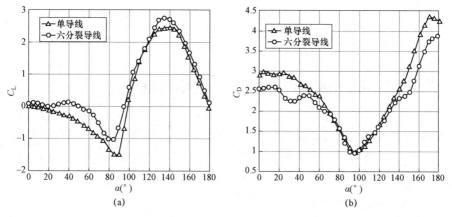

图 4-11　JD-6 模型三分力系数（13%湍流）（一）

（a）升力系数；（b）阻力系数

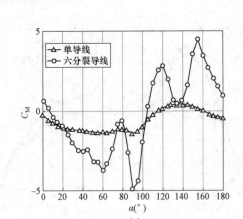

图4-11 JD-6模型三分力系数（13%湍流）（二）

(c) 扭转系数

通过风洞试验得到了新月形覆冰厚度及 D 形覆冰分裂线路的整体气动力特性，主要结论包括四个方面。一是分裂线路的整体升力系数随攻角变化曲线与单线路基本一致，在缺少分裂线路升力系数数据的情况下可以用单线路的升力系数曲线来预测分裂线路的整体升力系数曲线。二是新月形覆冰分裂线路的整体阻力系数曲线呈"M"型分布。与单线路相比，二分裂线路的整体阻力系数在 90°攻角附近降幅最大。四分裂线路在 45°、90°和 145°附近均有较大程度下降。三是 D 形覆冰分裂线路的阻力系数与单线路相比，二分裂线路仅在 90°攻角附近有所下降，四分裂和六分裂线路则出现多处波动，在 0°、45°、90°、180°攻角附近均有较大程度下降。四是分裂线路的整体扭转系数与单线路相比，相差很大。这与分裂线路各子线路的升力、阻力系数对整体气动扭矩的贡献有关。因此，仅凭单线路自身的扭转系数难以预测分裂线路的整体扭转系数。

4.1.2　不同初凝角的输电线路气动失稳特征

分裂线路初凝角的变化将导致覆冰线路相对干扰位置的变化，进而引起其气动力特性的变化。本节将通过对阻力系数、升力系数、扭转系数的定义及数据分析，以及邓哈托系数的对比分析，研究初凝角对覆冰分裂线路气动力特性的影响。

1. 阻力系数和升力系数

图 4-12 给出了六分裂线路的阻力和升力系数曲线随攻角的变化图。可以看出，各初凝角下，分裂线路的整体升力系数、阻力系数随风攻角的变化特性基本一

致。阻力系数的整体变化规律呈现出对称性，升力系数则呈现出反对称性。分裂线路的阻力系数曲线整体上呈"W"形，在 90°和 270°攻角附近出谷值，在 180°附近出现峰值。分裂线路的升力系数曲线在 145°、270°处出现谷值，在 90°、225°处出现峰值。

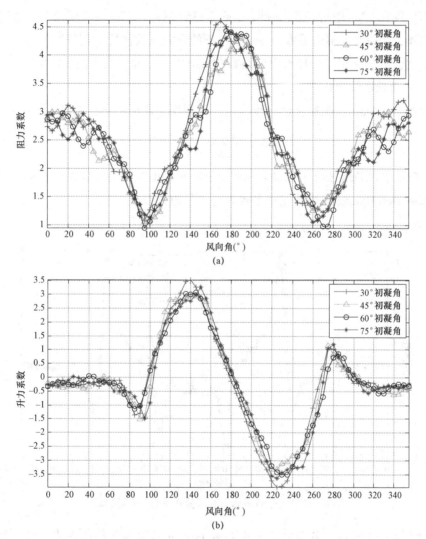

图 4-12　六分裂覆冰分裂线路升力、阻力系数（5%湍流）

（a）阻力系数；（b）升力系数

　　由图 4-12（a）所示，各初凝角下阻力系数随风攻角的整体变化相同，最大谷值都出现在 90°和 270°附近，这说明初凝角变化对阻力系数影响不大。但与二分裂阻力系数比较，六分裂曲线出现了更多的极小值，这是由于六分裂的干扰更为复杂，有更多顺风向分裂线路遮挡的情况，这说明初凝角变化对高分裂线路的影响明显。

由图 4-12（b）所示，各初凝角下升力系数随风攻角的整体变化相同，最大谷值都出现在 225°附近，最大峰值出现在 135°附近，这说明初凝角变化对阻力系数影响不大。相比于阻力系数，各初凝角下的升力系数保持了较好的吻合性，依然可以说明输电线路相互干扰对阻力系数的影响大于对升力系数的影响。

2. 气动稳定性分析

根据 Den Hartog 驰振机理，覆冰线路驰振稳定性可由下式判断：

$$Den = \frac{\partial C_L}{\partial \alpha} + C_D < 0 \qquad (4-2)$$

式中，Den 即为 Den Hartog 系数。Den 小于零时输电线路将可能发生舞动。可以看出，影响 Den Hartog 系数的气动参数为升力与阻力系数。

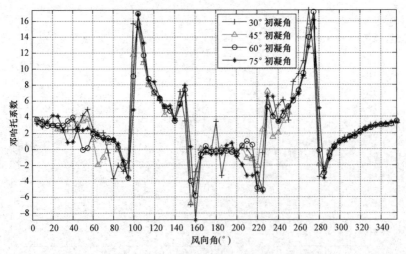

图 4-13　二分裂覆冰线路邓哈托系数（5%湍流）

由图 4-13 所示，各初凝角下的 Den Hartog 系数曲线整体规律一致，且关于 180°对称分布。曲线上存在四个不稳定区，分别为 80°～100°，150°～170°，210°～230°，280°～290°。而在顺风向输电线路投影叠加的角度亦可能出现不稳定区域，因而输电线路起舞不仅与风向角有关，还与输电线路间的相互干扰有关。

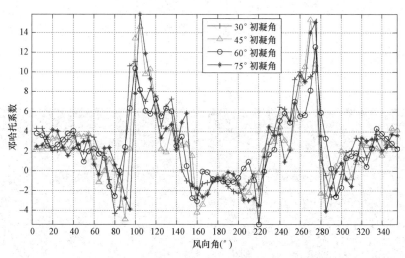

图 4-14　六分裂覆冰线路邓哈托系数（5%湍流）

由图 4-14 所示，各初凝角下的 Den Hartog 系数曲线整体规律一致，且与二分裂线路规律一致。但由于六分裂线路干扰更为复杂，故曲线波动更为剧烈。

通过风洞试验得到不同初凝角下覆冰分裂线路的整体气动力参数，主要包括三方面内容。一是覆冰分裂线路的阻力系数曲线整体上呈 "W" 形，在 90°和 270°攻角附近出谷值，在 180°附近出现峰值，关于 180°对称分布。分裂线路的升力系数曲线在 145°、270°处出现谷值，在 90°、225°处出现峰值，关于 180°反对称分布。二是覆冰六分裂线路，阻力系数与升力系数的整体变化规律与覆冰二分裂线路相同，但覆冰六分裂气动力曲线出现了更多的极大值和极小值，这是由于六分裂的干扰更为复杂，有更多顺风向分裂线路遮挡的情况。三是各初凝角下的 Den Hartog 系数曲线整体规律一致，且关于 180°对称分布。曲线上存在四个不稳定区，分别为 80°～100°，150°～170°，210°～230°，280°～290°。而在顺风向输电线路投影叠加的角度亦可能出现不稳定区域，因而输电线路起舞不仅与风向角有关，还与输电线路间的相互干扰有关。

4.1.3　不同冰形对输电线路舞动特性分析

1. 不同覆冰条件下起舞冰型分析

在不同覆冰条件下的气动力特征参数测试分析基础上，通过在小档距试验输电线路上对模拟冰的角度进行精确调整，通过试验的方法（见图4-15）研究了舞动特性与冰型、攻角的对应关系并与数值仿真结果对比，最终探索出最易起舞的模拟冰形及攻角。

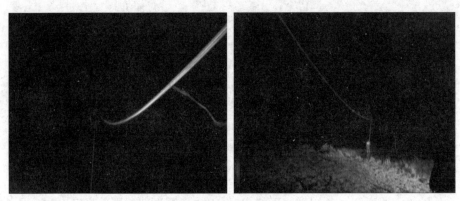

图4-15 小档距试验线路模拟舞动试验

舞动幅值测量方法采用人工操作垂直标尺进行直接测量，并辅以非接触式单目测量方法。单目测量方法主要基于对视频中的特征点进行跟踪，根据拍摄距离、仰角、与输电线路夹角等参数对视频像素点进行标定，从而得到输电线路舞动轨迹，如图4-16和图4-17所示。

对D形模拟冰在攻角为90°、120°和135°，新月形模拟冰在攻角为10°、20°和30°下进行试验，试验结果如表4-1和表4-2所示。

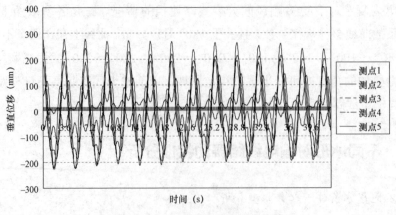

图4-16 各测量点垂直位移曲线

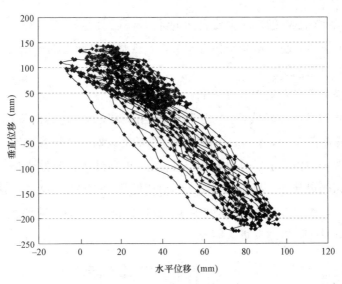

图 4-17　测点 2 运动断面图

表 4-1　　　　　　　　　　　　D 形模拟冰舞动试验结果统计

10min 平均风速 （m/s）	攻角（90°）		攻角（120°）		攻角（135°）	
	水平幅值（m）	垂直幅值（m）	水平幅值（m）	垂直幅值（m）	水平幅值（m）	垂直幅值（m）
3	0	0	0	0	0	0
6	0	0	0.06	0.10	0.05	0.110
9	0.034	0.110	0.19	0.480	0.21	0.500
12	0.055	0.160	0.40	1.300	0.30	1.200

表 4-2　　　　　　　　　　　　新月形模拟冰舞动试验结果统计

10min 平均风速 （m/s）	攻角（10°）		攻角（20°）		攻角（30°）	
	水平幅值（m）	垂直幅值（m）	水平幅值（m）	垂直幅值（m）	水平幅值（m）	垂直幅值（m）
3	0	0	0	0	0	0
6	0	0	0	0	0	0
9	0	0	0.10	0.190	0	0
12	0.03	0.100	0.2	0.810	0.04	0.11

　　根据试验结果可得出以下结论：① 相比新月形模拟覆冰，D 形模拟覆冰更容
易起舞，并且在同样的风速条件下其舞动幅值至少比新月形模拟覆冰大 50%；② 对
D 形模拟覆冰而言，120°和 135°攻角的起舞风速均小于 90°攻角，其舞动幅值远
远大于 90°攻角，120°和 135°攻角相差不大。此外，在现场试验中发现 D 形模拟

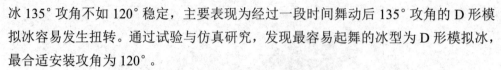

冰 135° 攻角不如 120° 稳定，主要表现为经过一段时间舞动后 135° 攻角的 D 形模拟冰容易发生扭转。通过试验与仿真研究，发现最容易起舞的冰型为 D 形模拟冰，最合适安装攻角为 120°。

2. 不同覆冰条件的起舞风速分析

对于 D 形覆冰的试验线路，为了得到该档起舞风速和风速对舞动幅值的影响，计算了输电线路在 3、4、5、8m/s 稳定风速下的舞动时程，对各风速下舞动幅值进行统计，如图 4−18 所示。可以看到，在 3m/s 的风速下没有发生舞动，起舞风速为 4m/s；在相同风速下，档距 1/4 处舞动幅值明显大于档距 1/2 处，这是由于舞动主要表现为双半波垂直舞动，在档距中点附近形成驻点；随风速增大，舞动幅值增大，扭转方向振动幅值增大更为明显。

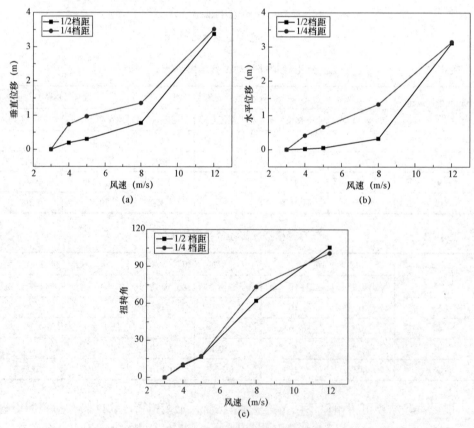

图 4−18　稳定风下第 3 档 B 相输电线路舞动幅值随风速的变化

(a) 垂直位移；(b) 水平位移；(c) 扭转位移

46

　　对于新月形覆冰的试验线路，计算模拟了该输电线路在 6、7、8、10、12、16m/s 风速下的舞动时程。舞动幅值随风速的变化规律如图 4–19 所示。可以看出，在 6m/s 的风速下没有发生舞动，起舞风速为 7m/s；随风速增大，舞动幅值增大，扭转方向振动幅值增大更为明显。风速范围在 7～12m/s 范围内，相同风速下，档距 1/4 处舞动幅值明显大于档距 1/2 处，这是由于舞动主要表现为双半波垂直舞动，在档距中点附近形成驻点；当风速达到 16m/s 时，档距 1/4 处振动幅值明显增大，与档距 1/2 处相当。与 D 形覆冰情况相比，在同等条件下，新月形覆冰输电线路的起舞风速更大，更难起舞。

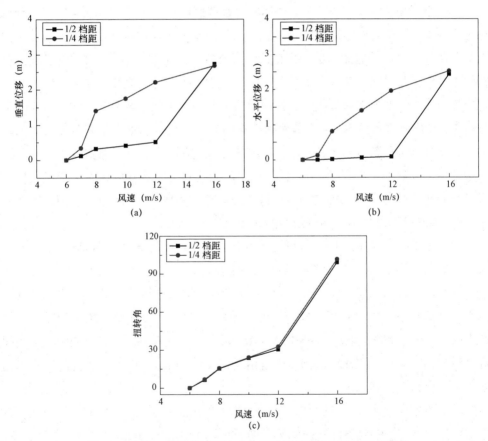

图 4–19　第 3 档新月形覆冰六分裂线路舞动幅值随风速的变化

（a）垂直位移；（b）水平位移；（c）扭转位移

通过对不同覆冰条件下六分裂线路的舞动特性对比分析发现，可以得出以下 5 个结论。

（1）不同覆冰条件下输电线路的舞动特征频率均为 0.334Hz，整档线路的舞动以二阶为主，表现为两个半波的形式。

（2）通过对不同覆冰条件下的输电线路起舞风速分析发现，D 形覆冰条件下输电线路起舞风速明显小于新月形覆冰的情形，两种覆冰条件下的初始舞动风速不同，舞动幅值随风速的变化速率也有明显差别，两种情形下的舞动随风速变化趋势基本一致。由此可以发现，不同覆冰条件下输电线路舞动特性的差别主要体现在起舞风速以及相同风速下舞动幅值的不同，但不同覆冰条件下舞动频率及整档输电线路的舞动形态没有明显差别。

（3）模拟研究了第 3 档 D 形覆冰六分裂线路的舞动，结果表明：① 在 5m/s 稳定风速下，该档输电线路的舞动模式为双半波垂直舞动，其舞动的幅值较小。输电线路舞动过程中动态张力的最大值约为静态张力的 1.02 倍。② 对实测风速下该档输电线路的舞动模拟表明，数值模拟得到的各测点处的舞动幅值与实测值存在一定的差异；由位移频谱分析得到的舞动模式主要为双半波垂直舞动，同时伴有四半波模态，与现场记录基本一致。数值模拟得到的输电线路动张力与静张力之比的最大值为 1.15，而实测值为 1.02，存在一定差异。数值模拟的风速与实际风场的差异是导致两者差异的主要原因。③ 以单点实测风速确定的基本风速人工合成模拟随机风场，在此风场中模拟得到的舞动模式与单点实测风速下得到的舞动模式一致。④ 按稳定风模拟得到的该输电线路的起舞风速为 4m/s。

（4）模拟研究了第 3 档新月形覆冰六分裂输电线路的舞动，结果表明：① 新月形覆冰六分裂线路比 D 形覆冰线路的稳定性好，即 D 形覆冰输电线路更容易发生舞动，这与实际相符。② 该档新月形覆冰六分裂输电线路的舞动模式也以双半波垂直舞动为主，与 D 形覆冰输电线路舞动模式一致。③ 输电线路舞动过程中的最大张力与静态张力之比为 1.05 倍，与 D 形覆冰输电线路情况也比较接近。④ 起舞风速为 7m/s，而 D 形覆冰输电线路的起舞风速为 4m/s，再次说明了 D 形覆冰输电线路更容易发生舞动。

（5）模拟研究了第 3 档 D 形覆冰六分裂线路的舞动，结果表明：① 在 7m/s 稳定风作用下，输电线路的舞动轨迹呈椭圆状。舞动模式为五个半波垂直舞动，这与该档为大档距有关。② 在基本风速为 7m/s 的随机风场中，舞动模式与稳定风场中一致，仍然为 5 个半波的垂直舞动。③ 该档的起舞风速为 6m/s。

4.2　线路结构参数对舞动特性的影响

输电线路本身的结构参数是舞动激发的内因，舞动现象最终在输电线路上形成，因此只从现象的表征考虑属于非线性结构动力学问题，结构的特性参数直接影响运动形态。相关统计数据表明，分裂线路比单线路容易舞动，大截面输电线路比常规截面的输电线路易于产生舞动，这是因为大截面、多分裂输电线路扭转刚度大，容易产生偏心覆冰。从动力学角度分析，输电线路结构特性主要体现在对质量、刚度和阻尼三个结构参数的影响上。通常输电线路结构参数包括输电线路的类型（包括分裂线路或单线路）、张力、弧垂、档距、塔线连接方式等。

研究表明，在同样的地理与气象条件下，分裂线路要比单线路容易发生舞动。这是因为分裂线路每隔一定距离就有一个间隔棒将各子线路连在一起，其扭转刚度大大高于相同截面的单线路，在偏心覆冰后很难绕其自身轴线扭转，偏心覆冰状况得不到缓解，形成不均匀覆冰，在风的激励下更容易发生舞动。

4.2.1　档距对舞动特性的影响

现取风速 10m/s、12mm 厚新月形覆冰、覆冰初始攻角为 50° 的条件下，考查不同档距下覆冰四分裂线路的舞动。计算得到的各种档距的四分裂线路在典型时刻的运动形态如图 4-20～图 4-23 所示。可见档距为 100m 和 200m 的覆冰四分线路舞动仅出现了一个半波。而档距为 300m 与 400m 的覆冰四分裂线路舞动均出现了三个半波的模式。子线路 1 中点的垂直位移时程如图 4-24 所示，覆冰四分裂线路舞动的幅值随档距增大而增大，且档距越大舞动达到稳定状态或激发舞动的时间越短。如 100m 档距的覆冰四分裂线路达到舞动稳定状态约需 1700s，200m 档距约需 1500s，300m 和 400m 档距激发舞动的时间分别约为 700s 和 500s。最大舞动垂直幅值随档距的变化如图 4-25 和图 4-26 所示。由图 4-26 可知，档距越大越易于发生舞动。

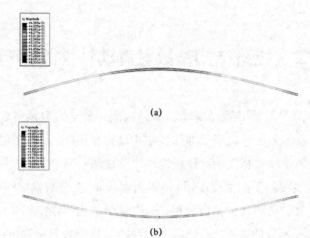

(a)

(b)

图 4-20　不同时刻下 100m 档距覆冰四分裂线路的舞动形态

（a）1158s；（b）1160s

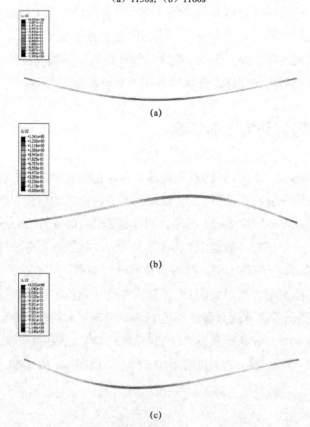

(a)

(b)

(c)

图 4-21　不同时刻下 200m 档距覆冰四分裂线路的舞动形态

（a）2030s；（b）2031s；（c）2033s

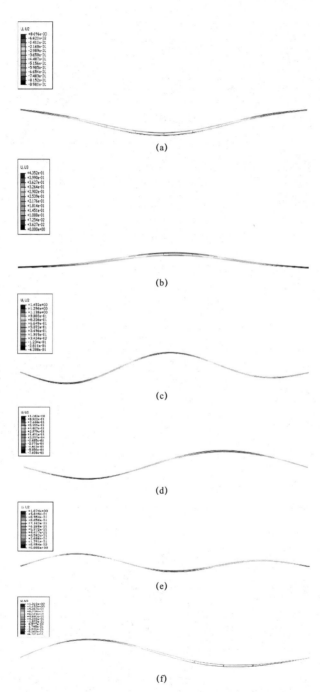

图 4-22　不同时刻下 300m 档距覆冰四分裂线路的舞动形态

（a）1288s 垂直方向位移；（b）1288s 水平方向位移；（c）1290s 垂直方向位移；（d）1290s 水平方向位移；

（e）1291s 垂直方向位移；（f）1291s 水平方向位移

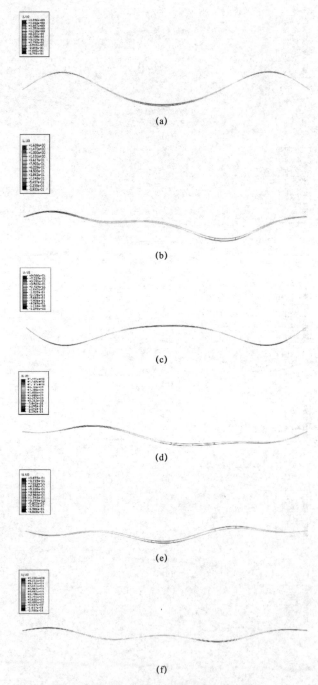

图 4-23　不同时刻下 400m 档距覆冰四分裂线路的舞动形态

(a) 990s 垂直方向位移；(b) 990s 水平方向位移；(c) 993s 垂直方向位移；(d) 993s 水平方向位移；
(e) 995s 垂直方向位移；(f) 995s 水平方向位移

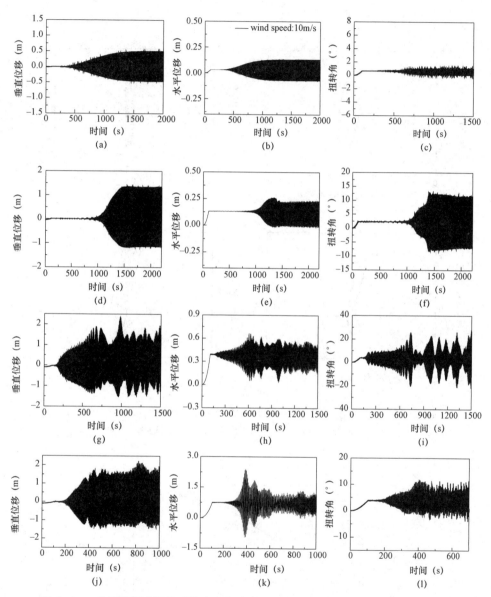

图 4-24　各档距覆冰四分裂线路子线路 1 中点舞动的位移时程（风速：10m/s）

(a) 档距 100m 时垂直位移；(b) 档距 100m 时水平位移；(c) 档距 100m 时扭转角；

(d) 档距 200m 时垂直位移；(e) 档距 200m 时水平位移；(f) 档距 200m 时扭转角；

(g) 档距 300m 时垂直位移；(h) 档距 300m 时水平位移；(i) 档距 300m 时扭转角；

(j) 档距 400m 时垂直位移；(k) 档距 400m 时水平位移；(l) 档距 400m 时扭转角

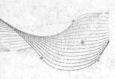

输电线路舞动预警技术

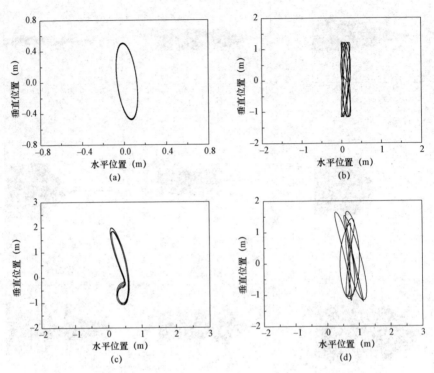

图 4-25 各档距覆冰四分裂线路子线路 1 中点舞动轨迹（风速：10m/s）

(a) 100m 档距；(b) 200m 档距；(c) 300m 档距；(d) 400m 档距

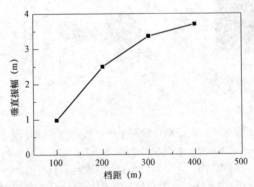

图 4-26 覆冰四分裂线路子线路 1 中点舞动垂直振幅随档距变化图

表 4-3 和表 4-4 所示各档距新月形覆冰四分裂线路子线路 1 各点舞动幅值。

54

表 4-3 不同档距四分裂线路段的低阶模态与固有频率

方向	模态	频率（Hz）				
		100m 档距	200m 档距	300m 档距	400m 档距	500m 档距
垂直	（波形图）	0.83	0.47	0.38	0.36	0.34
	（波形图）	1.59	0.77	0.48	0.34	0.26
	（波形图）	2.35	1.17	0.73	0.53	0.44
	（波形图）	3.25	1.55	0.96	0.69	0.53
水平	（波形图）	0.80	0.39	0.24	0.17	0.13
	（波形图）	1.59	0.78	0.48	0.34	0.27
	（波形图）	2.35	1.16	0.72	0.51	0.42
	（波形图）	3.25	1.55	0.96	0.69	0.53
扭转	单半波	0.90	0.47	0.35	0.32	0.31
	双半波	1.74	0.87	0.57	0.45	0.38
	三半波	2.58	1.28	0.82	0.61	0.50
	四半波	3.29	1.69	1.08	0.79	0.64

表 4-4 各档距新月形覆冰四分裂线路子线路 1 各点舞动幅值

（风速：10m/s；冰厚：12mm）

档距（m）		垂直振幅（m）	水平振幅（m）	扭转角（°）
100	1/2 档距处	0.98	0.21	0.7
	1/4 档距处	0.53	0.11	0.38
200	1/2 档距处	2.50	0.25	18.9
	1/4 档距处	1.35	0.14	10.2
300	1/2 档距处	3.36	0.69	47.6
	1/6 档距处	2.52	3.35	45.9
400	1/2 档距处	3.70	1.8	54.5
	1/6 档距处	3.25	3.5	36.1

4.2.2 分裂数对输电线路舞动特性的影响

随着我国电力输送容量的迅速增长，选择多分裂、大容量、远距离的特高压输电线路成为必然，输电线路经过高海拔低温多风区域，输电线路覆冰及舞动将不可避免，研究表明输电线路的分裂数越多，越容易发生舞动，而且舞动幅值增大，即

舞动产生的破坏越严重。

表 4-5   12mm 厚新月形覆冰分裂线路子线路中点舞动幅值

档距（m）	架设方式	垂直振幅（m）	水平振幅（m）	扭转角（°）
300	双分裂线路			
	四分裂线路	3.36	0.69	47.6
	六分裂线路			
	八分裂线路	6.97	0.46	7.66
400	双分裂线路			
	四分裂线路	3.70	1.8	54.5
	六分裂线路			
	八分裂线路	9.51	0.69	3.36

4.3 风场变化对输电线路舞动特性的影响

风激励是舞动激发最重要的外因，是舞动能量的来源。通常情况下，舞动须有稳定的层流风激励。冬季及初春季节里，冷暖气流的交汇引起的风力较强，地势平坦、开阔及风口地区的输电线路，在输电线路（不均匀）覆冰的情况下，当风速在 4~20m/s，且风向与输电线路走向的夹角≥45°时，输电线路易舞动。这是因为垂直于输电线路走向的风的分量越大，对不均匀覆冰后输电线路的激励效果越好，对输电线路产生的升力也越大，越有利于输电线路系统能量的积累，进而使得系统失稳，产生舞动。

因此，输电线路舞动多数产生于平原开阔或风口地区（即所谓"微气象、微地形"），因为这些地区的地理条件易形成均匀、稳定和持续的风激励。同时风激励的作用也会影响输电线路覆冰的发展以及偏心覆冰形状的形成。对于风激励的参数主要包括风向、风速以及湍流度等。

4.3.1 稳定风场条件下的输电线路舞动特性

模拟第 3 档 B 相 D 形覆冰六分裂线路在风速 5m/s 稳定风作用下的舞动过程。

　　图 4-27 和图 4-28 所示为模拟得到的子线路 1 在 1/4 档距和 1/2 档距处的位移时程和舞动轨迹，可见该风速下输电线路的舞动轨迹为椭圆轨迹。该档的档距较小，为 284m，其舞动能够达到稳定状态。可见 1/4 处的位移大于 1/2 档距处的位移，事实上，后面的位移频谱分析可以发现该档舞动为双半波模式。

　　图 4-29 和图 4-30 所示为 1/4 档距和 1/2 档距处输电线路位移的频谱，可见舞动模式为垂直舞动，其频率接近于两个半波的固有频率 0.332Hz，因此，其舞动为双半波垂直舞动。

　　数值模拟得到的输电线路静态张力为 109kN，与实测值 106kN 很接近，相对误差为 2.83%。图 4-31 为输电线路张力系数在舞动过程中的时程曲线和频谱，可见在 5m/s 的风速下输电线路张力变化不大，最大张力值约为静态张力的 1.02 倍，张力频谱中除舞动频率成分外，0.661Hz 的频率成分占了较大比重。

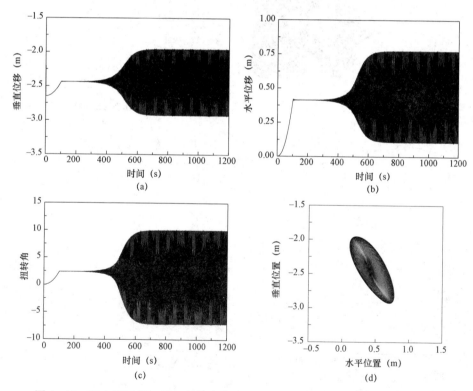

图 4-27　稳定风下第 3 档 B 相输电线路 1/4 档距处的位移及轨迹（风速 5m/s）
（a）垂直位移；（b）水平位移；（c）扭转角；（d）轨迹

输电线路舞动预警技术

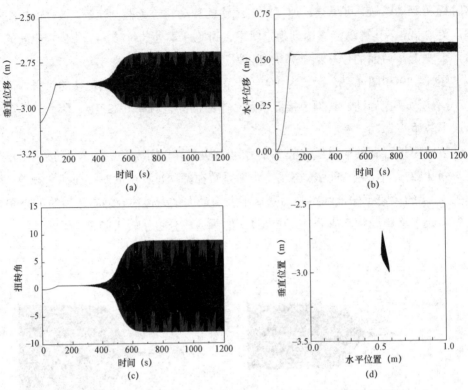

图 4-28　稳定风下第 3 档 B 相输电线路 1/2 档距处位移及轨迹（风速 5m/s）

（a）垂直位移；（b）水平位移；（c）扭转角；（d）轨迹

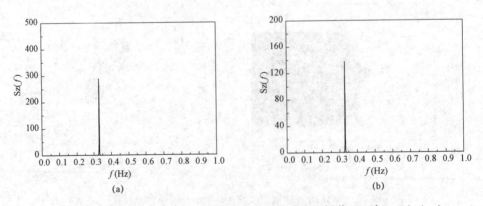

图 4-29　稳定风下第 3 档 B 相输电线路 1/4 档距处位移频谱（风速 5m/s）（一）

（a）垂直位移；（b）水平位移

58

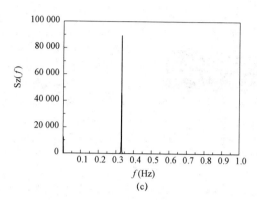

图 4－29　稳定风下第 3 档 B 相输电线路 1/4 档距处位移频谱（风速 5m/s）（二）

（c）扭转角

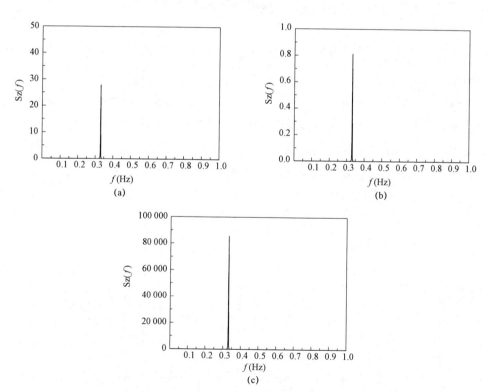

图 4－30　稳定风下第 3 档 B 相输电线路 1/2 档距处位移频谱（风速 5m/s）

（a）垂直位移；（b）水平位移；（c）扭转角

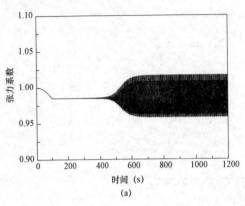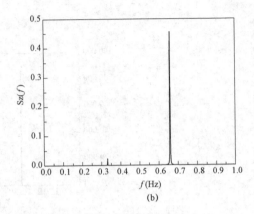

图 4-31　稳定风下第 3 档 B 相输电线路张力系数及频谱（风速 5m/s）

(a) 张力系数；(b) 频谱

4.3.2　空间风场（微地形）条件下线路舞动特性

采用有限元方法模型真型试验输电线路第 2 档 D 形覆冰双分裂线路在基本风速为 6.01m/s 时的舞动。

由于三相输电线路按三角形排列，上相（C 相）线路与下两相（A 相和 B 相）线路的高度不一致，因此可以假设作用于 A 相和 B 相线路上的风速相同，而作用于 C 相线路上的风速不同。按风速随高度变化公式，计算得到的作用于 A 相和 B 相的风速为 7.92m/s，作用于 C 相上的风速为 8.08m/s。研究表明，在一定的 Reynold 数范围内，风速对覆冰输电线路空气动力系数的影响很小，因此可以利用图 4-32 所示的气动系数计算作用于输电线路上的气动载荷。

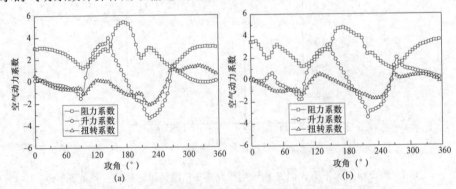

图 4-32　D 形覆冰双分裂线路气动参数随风攻角的变化

(a) 子输电线路 1；(b) 子输电线路 2

利用 ABAQUS 软件模拟得到的该线路 A 相和 C 相线路中点的位移的时间历程和舞动轨迹分别如图 4-33 和图 4-34 所示。从图中可以看出，开始时输电线路在平衡位置附近小幅摆动，随着时间的推移，振幅不断增加。

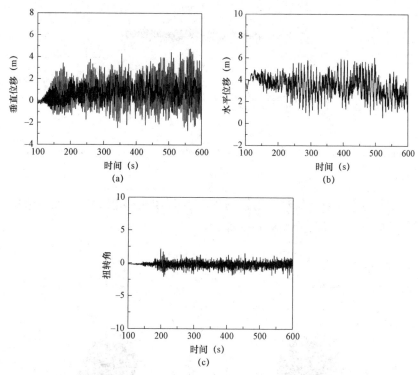

图 4-33　稳定风作用下第 2 档双分裂 A 相线路中点位移和扭角时程
（a）垂直位移；（b）水平位移；（c）扭转角

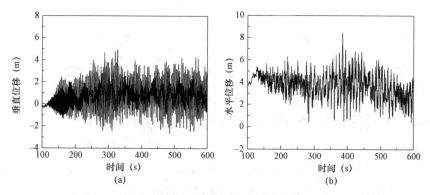

图 4-34　稳定风作用下第 2 档双分裂 C 相线路中点位移和扭角时程（一）
（a）垂直位移；（b）水平位移

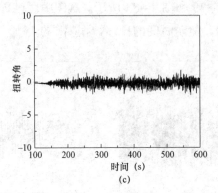

图4-34 稳定风作用下第2档双分裂C相线路中点位移和扭角时程（二）

（c）扭转角

图4-35为相应点的舞动轨迹。另外，由于B相输电线路和A相输电线路相同，且风荷载一样，其舞动响应也一样。

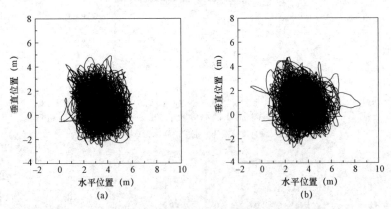

图4-35 稳定风作用下第2档双分裂输电线路中点舞动轨迹

（a）A相输电线路；（b）C相输电线路

图4-36和图4-37为A相和C相输电线路中点位移的频谱。可见，该两相输电线路均为垂直舞动，垂直位移频谱中在0.3Hz和0.55Hz附近出现了峰值，前者接近于三半波模态固有频率0.295Hz，后者接近于五个半波固有频率0.561Hz。此外，由输电线路中点的位移和扭角时间历程曲线可计算得到该点的最大幅值和幅值的根方差（RMS幅值），如表4-6所示。

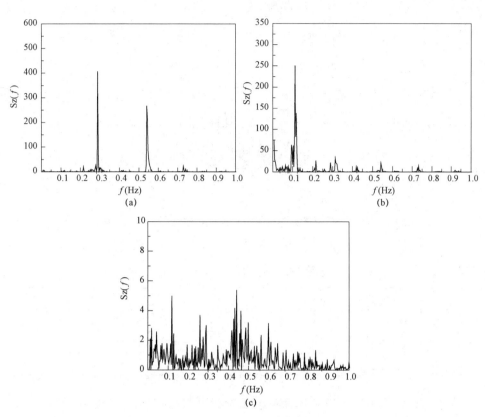

图 4-36 稳定风作用下第 2 档双分裂 A 相输电线路中点位移和扭角频谱
（a）垂直方向；（b）水平方向；（c）扭转角

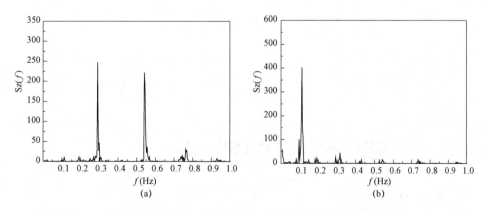

图 4-37 稳定风作用下第 2 档双分裂 C 相线路中点位移和扭角频谱（一）
（a）垂直方向；（b）水平方向

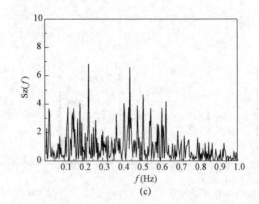

图 4-37　稳定风作用下第 2 档双分裂 C 相线路中点位移和扭角频谱（二）

（c）扭转角

表 4-6　　　　稳定风作用下第 2 档双分裂线路中点位移和扭转角幅值

相线	水平位移幅值（m）		垂直位移幅值（m）		扭转角幅值（°）	
	最大值	RMS 值	最大值	RMS 值	最大值	RMS 值
A 相	5.990	0.916	5.658	2.012	3.703	0.506
C 相	7.647	0.979	6.366	2.031	3.970	0.551

为了比较安装相间间隔棒前后输电线路张力的变化，给出输电线路舞动过程中张力的变化规律。为此，以输电线路静力平衡状态时输电线路的张力 F_0 为基准，按下式定义张力变化比值：

$$Prop(t) = \frac{F(t)}{F_0} \tag{4-3}$$

式中：$F(t)$ 为 t 时刻输电线路中的张力。A 相和 C 相输电线路与 3 号塔连接处张力变化时程曲线图 4-38 所示。可见，动张力与静张力之比的平均值，约为 1.1，绝大多数值均小于 2.0。

4.3.3　垂直风向对输电线路舞动特性影响

1. 对舞动模式的影响

图 4-39 所示为水平风作用下第 4 档线路 1/6 和 1/2 档距处的位移频谱，由图可见，输电线路运动为垂直舞动，其垂直位移频谱在 0.2Hz 附近有一峰值，另外在 0.4Hz 和 0.83Hz 附近也出现了峰值，第一个峰值为主频，其接近于输电线路垂直

方向的双半波固有频率 0.188Hz，第二个频率接近于四个半波固有频率 0.379Hz，第三个接近于九个半波固有频率 0.859Hz。总体上，输电线路的舞动出现了高阶模态，最多半波数为 9 个。图 4-40 是某时刻该档线路在 10m/s 水平风作用下的舞动形态，可见其出现了 9 个半波的模态。

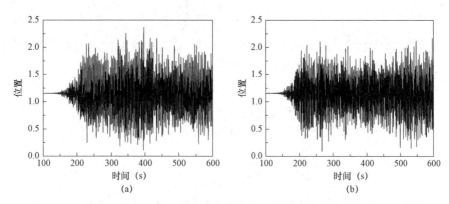

图 4-38　稳定风作用下第 2 档双分裂线路与 3 号塔连接点的动张力时程曲线
（a）A 相输电线路；（b）C 相输电线路

图 4-41 所示为斜向风作用下第 4 档线路 1/6 和 1/2 档距处的位移频谱，由图可见，其垂直位移频谱在 0.18、0.26、0.4Hz 和 0.49Hz 附近存在峰值，这些频率接近于 2、3、4 个和 5 个半波模态的固有频率。即输电线路舞动出现了五个半波模态。图 4-42 是某时刻该档输电线路在 10m/s 水平风作用下的舞动形态，明显可见其为五个半波形态。由此可见，在斜向风作用下，第 4 档六分裂线路的舞动模式与水平风向作用时有一定的差异。

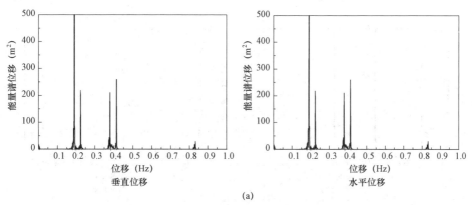

图 4-39　水平风作用下第 4 档线路位移频谱（一）
（a）1/6 档距处

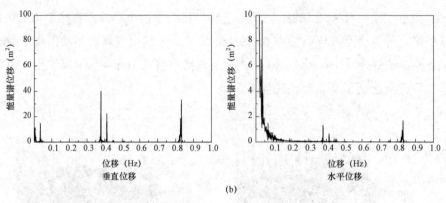

（b）

图 4-39 水平风作用下第 4 档线路位移频谱（二）

（b）1/2 档距处

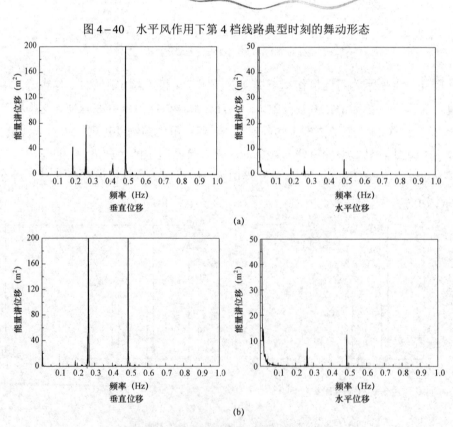

图 4-40 水平风作用下第 4 档线路典型时刻的舞动形态

（a）

（b）

图 4-41 斜向风作用下第 4 档线路位移频谱

（a）1/6 档距处；（b）1/2 档距处

图4-42 斜向风作用下第4档线路典型时刻的舞动形态

2. 对舞动幅值和轨迹的影响

图4-43和图4-44分别为水平风作用下第4档六分裂线路1/6档距和1/2档距处的位移时程和舞动轨迹。可见,1/2档距处的舞动幅值远小于1/6档距处。图4-45和图4-46分别为斜向风作用下第4档六分裂线路1/6档距和1/2档距处的位移时程和舞动轨迹。可见,两点的振动幅值差别不大。

表4-7为两个风向下位移幅值的最大值和RMS值。从表中数据和后面的舞动模式的半波数分析可知,由于水平向风和斜向风作用下舞动半波数变化较大,从9个半波减小到5个半波,所以两种风向下不同位置的舞动幅值的大小没有明显的规律。

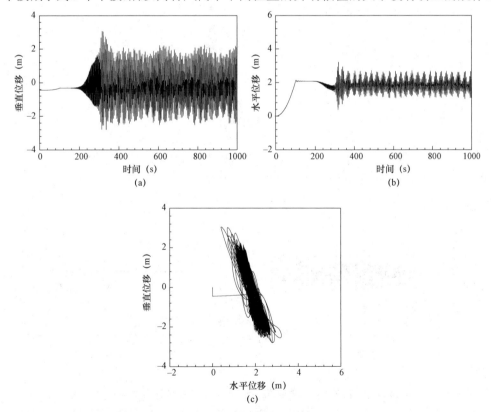

图4-43 水平风作用下第4档线路1/6点处的位移时程与轨迹

(a)垂直位移;(b)水平位移;(c)舞动轨迹

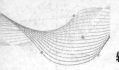
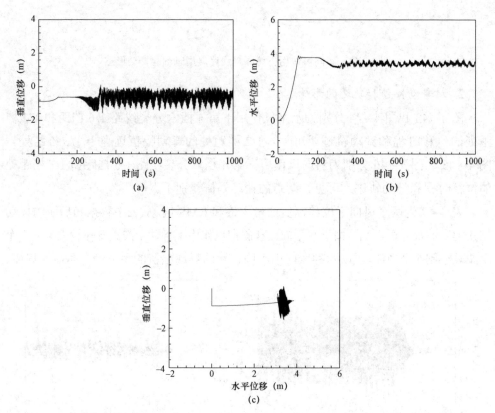

图 4-44 水平风作用下第 4 档线路 1/2 点处的位移时程与轨迹
(a) 垂直位移；(b) 水平位移；(c) 舞动轨迹

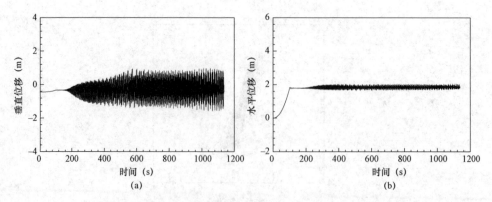

图 4-45 斜向风作用下第 4 档线路 1/6 点处的位移时程与轨迹（一）
(a) 垂直位移；(b) 水平位移

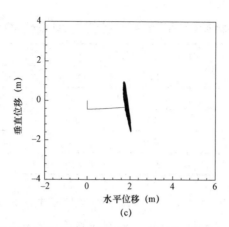

(c)

图 4-45　斜向风作用下第 4 档线路 1/6 点处的位移时程与轨迹（二）

（c）舞动轨迹

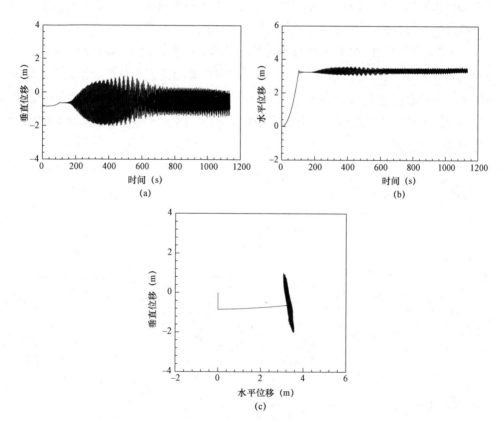

图 4-46　斜向风作用下第 4 档线路 1/2 点处的位移时程与轨迹

（a）垂直位移；（b）水平位移；（c）轨迹

表 4-7　　　水平风和斜向风作用下第 4 档六分裂输电线路舞动幅值比较

位置	风向	水平振幅（m）		垂直振幅（m）	
		最大值	RMS 值	最大值	RMS 值
1/6 档距	水平	1.64	0.75	4.68	2.44
	斜向	0.38	0.19	2.53	1.36
1/2 档距	水平	0.48	0.14	1.39	0.61
	斜向	0.35	0.26	1.77	1.36

针对风场变化对覆冰六分裂线路舞动进行数值模拟，得出如下结论：

（1）模拟研究风向对新月形覆冰四分裂线路舞动的影响，结果表明：① 斜向风作用下，输电线路的舞动幅值比水平风向作用下的舞动幅值小。② 200m 档距输电线路在斜向风和水平向风作用下的舞动均为单半波垂直舞动。③ 300m 档距输电线路斜向风下舞动的半波数与水平向风作用相比发生了变化。

（2）模拟研究风向对第 4 档 D 形覆冰六分裂线路舞动的影响，结果表明：① 在相同的风速 10m/s 下，水平向风作用下输电线路的舞动模式为 9 个半波，而在斜风向作用下的舞动半波数减少到 5 个。② 由于水平向风和斜向风作用下舞动半波数变化较大，从 9 个半波减小到 5 个半波，所以两种风向下不同位置的舞动幅值的大小没有明显的规律。

第 5 章　输电线路舞动气象因素精细化预报

温度、湿度、风速、风向等气象因素是导致输电线路覆冰舞动的主要外部因素,提升气象要素的精细化预报水平和准确率,是开展输电线路舞动预测预警的关键所在。本章主要介绍针对河南电网输电线路舞动预测预警需求而开展的气象精细化数值预报技术、方法和应用情况。

5.1　数 值 预 报 概 述

数值预报法是以大气运动的动力学和热力学为基础,应用计算机进行数值计算的一种预报方法。数值预报法目前主要用于天气形势预报,它应用动力学和热力学的基本原理来描述大气运动状态,把影响大气变化的各种物理过程,特别是主要过程列出一组控制方程,然后把各地区各层次上的初始观测数据和分析结果输入计算机,对方程组按时间步长进行反复求解,进而得出未来时刻各个地点、各个层次上的等压面高度、温度、湿度和风速矢量的三个分量 u、v、w 的预报值,并自动填绘在图上,成为一张未来 24h 或 48h 后的天气形势预报图。数值预报法的最大优点是客观化和定量化,但是大气运动异常复杂,在目前计算机容量和速度有限的情况下,需要对预报方程组适当简化,而简化方程组的预报结果与实际情况往往出现一些差距,不可能预报得十分精确,而且只能反映大尺度系统的主要活动和演变,对中小尺度系统的活动和一些次要的过程预报不出来。数值预报的时间不能外延太长,延续时间越长,预报的结果与实际出入就越大。

目前基于数值预报模式的气象要素精细化预报可归纳以下四大类，如表 5-1 所示。

表 5-1　　　　　　基于数值预报模式的气象要素精细化预报类型

类型	技术要点	特点	共性缺陷
气象业务类	数值天气模式 + 观测资料同化 + 预报订正	预报技术比较专业	集成预报技术未得到应用，均为单一来源的确定性预报
简化应用类	数值天气模式	简化了模式的物理过程，鲜有观测资料同化	
简单加工类	统计、插值	不运行中尺度模式，直接对大尺度背景场做插值或者其他统计处理	
直接引进类	数值天气模式 + 预报订正	模式在国外运行，不具备同化气象资料的条件	

上述四类数值预报方法有一个共性缺陷，集成预报技术和降尺度技术未得到应用，均为单一来源的较粗分辨率的确定性预报，不能根据输电线路舞动预警需要提供更加精准、网格化的气象要素预测产品。

5.2　精细化气象要素预报

为了给输电线路沿线提供更为精细、准确的气象要素预报产品、便于开展不同时间尺度的输电线路舞动概率预警工作，本节主要阐述区域数值预报、动力降尺度技术、预报要素订正模型和外推预报等四个方面的内容，主要采取如下步骤实现。

1）通过精细的区域数值预报系统，得到覆盖河南省 9km 分辨率的未来 3 天的逐小时气象要素预报。

2）在全省预报的基础上，再应用动力降尺度技术，得到未来 3 天 1km 分辨率的逐小时气象要素预报。

3）针对风速、气温、湿度等预报要素建立预报产品订正模型，对线路周边气象要素预报场进行统计订正，得到更准确的要素预报场。

4）应用河南全省自动站资料，对基础背景预报场进行改进，在此基础上再进行外推预报，进一步提升预报准确率。

5.3 区域数值预报

5.3.1 技术方法

快速更新循环（Rapid Update Cycle）预报技术在国外已有多年研究并用于日常业务数年。北京市气象局 2007 年在国内建立了北京快速更新循环预报系统（BJ-RUC），并成功应用于奥运气象保障服务。本书，该预报系统基于中尺度气象模式 WRF（Weather Research and Forecasting）开发完成，WRF 模式系统是由许多美国研究部门及大学的科学家共同参与进行开发研究的新一代中尺度预报模式和同化系统。该模式是一个完全可压非静力模式，控制方程组都写为通量形式，网格形式为 Arakawa C 格点。

WRF 模式中的物理过程包括辐射过程、边界层参数化过程、对流参数化过程、次网格湍流扩散过程，以及微物理过程等。该预报系统的水平分辨率分别为 9km，水平网格点数为 400×649，垂直方向 50 层，具体预报流程如图 5-1 所示。

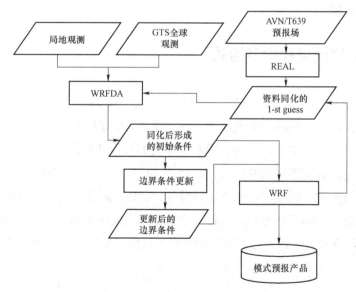

图 5-1 BJ-RUC V3.0 预报系统流程图

在该预报系统中，模式分别于世界时 00UTC 和 12UTC 进行启动，采用 NCEP GFS 分析场作为模式初始场进行模式积分，预报时效为 72h，逐时进行输出，该预报系统中同化的观测资料不仅包括 BJ-RUC 同化系统中的观测资料（常规及加密探空观测、常规及加密地面观测、船舶/浮标观测、飞机观测等全球观测资料；实时的自动站观测（AWS）、地基 GPS 可降水量资料），还同化了雷达的径向风速度和反射率因子等观测资料。

在该预报系统中，利用卫星资料反演了土地利用类型、叶面积指数、植被覆盖度等产品，在此基础上形成了可直接应用于数值模式的产品。BJ-RUC V3.0 系统使用的云微物理方案为 WSM6 单参数方案，从降水预报检验评分来看，存在一定程度的降水漏报。针对天气系统特征，对云微物理方案进行了优选试验。通过数值试验，结果表明分别选用 Thompson 和 Morrison 两个双参数方案与选用 WSM6 单参数方案相比，前两者预报在 10mm/24h 中雨以下阈值降水的 TS 评分都有所提高，同时明显地减少了中雨以下降水的漏报，在中雨以上阈值降水 Thompson 方案略好于 Morrison 方案。采用 Thompson 方案在 0～12h 预报时效内降水预报效果要优于 WSM6 方案，尤其是在前 6～7h 的预报时效内更加明显。综合试验结果，在 BJ-RUC 系统中采用 Thompson 方案代替 WSM6 方案。该预报系统其余物理过程方案为：RRTM 长波辐射方案、Goddard 短波辐射方案、YSU 行星边界层方案、Kain-Fritsch 对流参数化方案。

5.3.2　数值预报输出及检验

基于 BJ-RUC V3.0 预报系统生成的 UTC12 时预报场制作河南地区水平分辨率 9km 未来 3 天逐小时基础地面气象要素预报结果，为河南地区提供未来 3 天的逐时气温、风速、风向、湿度、气压、降水等要素的预报结果。

为了检验数值预报产品的性能，选取 2014 年 7 月 1 日～2015 年 1 月 31 日的逐小时输出未来 72h 预报产品为待检验数据，实况观测数据选取河南全省 119 个国家气象站对应时段的逐小时观测资料；检验变量为地面平均风速、相对湿度、气温和降水。连续变量（风速、相对湿度和气温）采用经典统计方法进行检验，包括偏差检验（$BIAS$）和均方根误差（$RMSE$）分析。

$$BIAS = \sum_{i=1}^{N}(V_{obs,i} - V_{model,i})/N \tag{5-1}$$

$$RMSE = \sqrt{\dfrac{\sum\limits_{i=1}^{N}(V_{obs,i} - V_{model,i})^2}{N}} \qquad (5-2)$$

经过对模式产品的系统检验，发现气温和相对湿度的预报效果总体较好，从时间上来看仅在北京时间 09:00 和 19:00 附近存在一定误差，且预报误差随着预报时效增加而增加；从空间上看，在河南西北部地区是误差相对较大的地区。风速预报则具有显著的系统性偏大的特征，且风速预报白天误差偏大，夜间偏差小；空间上，地形复杂地区的风速误差较大。

5.4　动　力　降　尺　度

5.4.1　技术方法

采用微尺度模式 CALMET 作为动力降尺度方法。CALMET 是美国环境保护署（EPA）推荐的一个网格化的复杂地形风场动力诊断模式，它利用质量守恒原理对风场进行动力诊断，主要考虑了地形对近地层大气的动力效应、斜坡气流产生和障碍物阻挡效应，并采用三维无辐散处理消除插值产生的虚假波动。主要原理是：假设地形作用产生的垂直气流 w 与气流辐合辐散的关系为：

$$w = (v \cdot \nabla h_t) \exp(-kz) \qquad (5-3)$$

式中　v ——模式网格平均风速，m/s；

　　　h_t ——地形高度，m；

　　　z ——距地面的高度，m；

　　　k ——与稳定度相关的衰减系数，表示为：

$$k = \dfrac{N}{|v|} \qquad (5-4)$$

式中　N ——布伦特－维赛拉频率。

斜坡气流的速度采用经验的方法：

$$S = S_e[1 - \exp(-x/L_e)]^{\frac{1}{2}} \qquad (5-5)$$

式中　S_e——斜坡气流的平衡风速，m/s；

　　　L_e——平衡尺度。

障碍物阻挡的热力和动力效应用局地弗劳德数来衡量，局地弗劳德数表示为：

$$F_r = \frac{V}{N\Delta h_t}, \quad \Delta h_t = (h_{\max})_{ij} - (z)_{ijk} \qquad (5-6)$$

式中　Δh_t——障碍物的有效高度。

如果局地弗劳德数小于等于临界弗劳德数且网格点风速有上坡的分量，则风向就调整为与地形的切线一致，风速不变；如果局地弗劳德数大于临界弗劳德数，就不进行调整。

5.4.2　动力降尺度输出

基于河南全省 9km 分辨率的背景预报场，采用微尺度模式 CALMET 对两个重点实验区进行动力降尺度计算，生成重点区域水平分辨率 1km 的未来 3 天逐小时预报结果，预报要素包括气温、风速、风向、气压、湿度、降水等，预报高度层为10、30、50m 和 70m。

基于河南地区电网分布特点，针对线路舞动、污闪等电网气象灾害易发区域，挑选两个重点降尺度计算区域，区域网格点数分别为 201×161、241×161。

5.4.3　数据资料和技术流程

数据资料主要包括自动气象站逐时观测资料、数值模式逐小时预报资料等两大类。

1. 自动气象站逐时观测资料

为满足精细化专业气象服务需求，利用河南省 121 个国家级气象观测站和 2274个区域自动气象站的逐小时地面观测资料，对模式近地层的气象要素（风速、气温和相对湿度）进行统计订正。六要素是指风速、风向、气温、相对湿度、气压和雨量；四要素指风速、风向、气温和雨量，单要素为简易雨量站。时间范围为 2014年 8 月～2015 年 10 月。

2. 数值模式逐小时预报资料

数值模式预报资料采用河南 9km 未来 0～73h 逐小时预报资料，时间范围为

2014年8月～2015年10月。

首先利用地形订正的方法将气象站观测资料修正至临近模式格点处,得到参考目标格点处的观测和预报序列;利用回归统计方法,建立参考目标格点处的精细化订正模型;利用反距离插值和地形订正相结合的方法,将精细化的订正模型拓展至模式预报的全网格。统计订正技术流程图如图5-2所示。

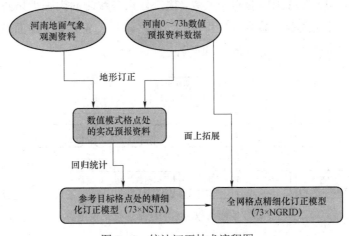

图5-2 统计订正技术流程图

5.5 预报产品自修正

以精细化专业气象预报服务的时空需求为目标,通过历史样本的统计分析,针对地面气象要素建立精细化的客观订正预报模型,提高面向专业服务的气象要素预报精度。

5.5.1 气温和湿度订正技术

1. 订正技术

如前文所述,模式预报误差在时间上,随着预报时效的增长,误差逐渐增大,可用预报信息减少,且预报误差具有显著的日变化特征,需要针对各个预报时次建立不同的订正模型;空间上相对湿度和气温的误差大小与海拔有密切关系,即海拔高的地方，误差也相对较大，这可能与模式下垫面参数设置比较粗糙有关，需要按照地形特征分区域建立不同的订正模型，建立分月、分时次、分站点的精细化订正模型表。

利用回归统计方法，依次计算站点匹配的格点订正模型系数 a 和 b；空间一致性检验及优化，即大于 1 个气象站匹配同一个模式格点时，从数学的角度计算出多套统计订正模型，则对比模型相关系数、模型订正系数与周围临近格点的订正系数差异，比选出最优且唯一的格点订正模型，最终建立气象要素（地面气温和相对湿度）精细化订正模式表。如图 5-3 所示。

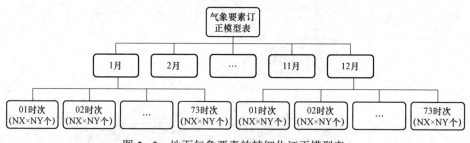

图 5-3　地面气象要素的精细化订正模型表

2. 订正效果

为了检验订正模型的预报效果，图 5-4 给出了订正前后预报误差（以 RMSE 为指标）的对比。

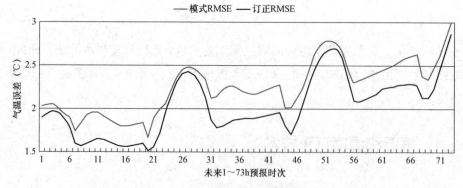

图 5-4　地面气温订正效果比较图

图 5-4 中的线条代表全区域平均的误差随预报时次的对比，图中两条线分别代表订正前后的误差，横坐标代表未来 1～72 个预报时次，图中可见，在未来 72 个预报时次上，订正后的误差都普遍小于订正前。总体而言，地面气温的精细化订

正模型在时间、空间上都具有明显的正效果。

　　与气温订正类似，图 5-5 中给出的相对湿度的订正效果对比结果也显示出了较好的订正效果。

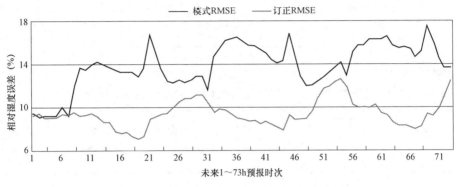

图 5-5　相对湿度订正效果比较图

5.5.2　风速订正技术

1. 方法简介

　　选取风速较大资料中质量较好的气象站为优选站，在每个优选站周围选取 n 个模式预报格点，将 n 个模式格点值插值到优选气象站点，按月份建立优选站点观测风速与模式预报风速的相关模型，用模式风速计算高精准预报值。每个模式格点周围选 m 个优选站，将 m 个优选站点位置的高精准预报值插值到模式格点，得到模式格点的高精准预报值。总计选出 675 个优选站，模式预报格点为 2298 个，分月建模，得到了模型的月度系数表，利用 2014 年 9 月的观测资料和对应时段的模式预报资料建立了 9 月的订正模型，对 2015 年 9 月的预报风速进行订正，对订正前后的风速进行检验。

2. 订正效果

　　从总体特征、地理分布特征、时间分布特征三个角度来分析订正效果。

　　（1）总体特征

　　从所有优选站 30 天 72 个预报结果总体均值来看，订正均值与观测均值非常接近，偏差仅为 0.1～0.3m/s，而模式预报均值偏差达到 1.4～1.8m/s，如表 5-2 和表 5-3 所示。

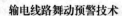

表 5－2   河南省 2015 年 9 月不同预报时段气象站点风速统计结果

时段	观测（m/s）	模式（m/s）	订正（m/s）
1～72h	1.4	3.0	1.5
1～24h	1.4	2.8	1.6
25～48h	1.3	3.1	1.5
49～72h	1.6	3.1	1.3

表 5－3   河南省 2015 年 9 月不同预报时段气象站点风速统计结果

时段	模式绝对误差（m/s）	订正绝对误差（m/s）	站点改进数	站点数	所有时次改进比（%）
1～24h	1.8	0.9	617	675	67.2

从绝对误差来看，模式的绝对误差为 1.8m/s，订正后绝对误差为 0.9m/s，92%优质站 67.2%的时次都有改进。从 675 个优质站推广到 2298 个格点，与 675 个优质站的统计结果非常接近，如表 5－4 所示。

表 5－4   河南省 2015 年 9 月不同预报时段模式所有格点风速统计结果

时段	模式（m/s）	订正（m/s）
1～72h	3.0	1.4
1～24h	2.8	1.6
25～48h	3.0	1.4
49～72h	3.1	1.3

（2）地理分布特征

从订正效果的绝对误差来看，中东部平原地区的误差小，西部山地误差大；与模式的绝对误差相比，订正后绝对差减小幅度最大的是北部和中东部，绝对误差减小 1.0m/s 以上；西部山地减小幅度不大，绝对误差减小不到 0.5m/s，部分地区订正后绝对误差比模式误差还大。

（3）时间分布特征

模式与订正风速与观测风速的日变化特征基本一致，白天风速大，夜间风速小。订正误差在第二天中午前后最大，其他时间比较平稳，如图 5－6、图 5－7 所示。

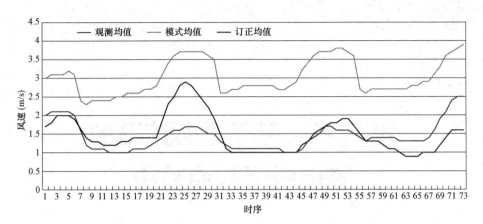

图 5-6　73 个预报时次气象站点风速均值统计结果

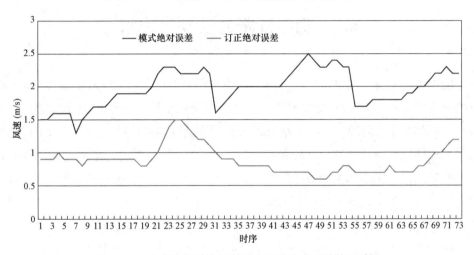

图 5-7　73 个预报时次气象站点风速绝对误差统计结果

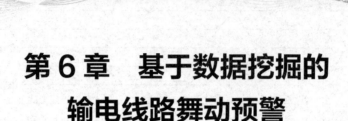

第6章　基于数据挖掘的
输电线路舞动预警

6.1　输电线路舞动预警思路

输电线路的舞动与外界气象环境及输电线路自身的结构、参数密不可分，而现有的针对输电线路舞动的物理模型中的部分参量在实际输电线路上难以通过测量获取，利用物理模型进行输电线路舞动预警的准确性和实用性较低。但由于对总体起作用的环境和条件的变化必然影响着每一个个体，所以受动力学支配的单个客体的行为只能在一定范围内偏离总的方向，且它们在总体上仍表现出统计的必然性，因此统计学习理论是面对数据而又缺乏理论模型时最基本的分析手段。本章主要介绍以支持矢量机（Support Vector Machine，SVM）和 Adaboost 集成学习算法这两种数据挖掘技术为主体的输电线路舞动预警模型和技术，以及采用 Bayes 方法对 Adaboost 算法进行升级的方法。输电线路舞动预警思路如图 6-1 所示。

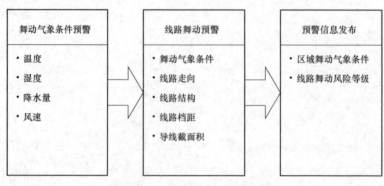

图 6-1　输电线路舞动预警思路

6.2 覆 冰 增 长 模 型

研究和统计分析结果认为，覆冰是导致输电线路发生舞动的必要条件，而覆冰的形成受温度、湿度、冷暖空气对流以及风等气象条件决定。输电线路上覆冰增长速度、覆冰形状和覆冰量，以及风的激励对线路舞动的振幅、持续时间起着关键性作用。

6.2.1 覆冰参数化方案

采用的初始覆冰参数化方案为小时标准冰厚模型（以下简称原始方案），分为两个阶段：覆冰判定阶段和覆冰厚度计算阶段。覆冰判定阶段中导线覆冰状态可分为：冻雨覆冰、雾凇覆冰、覆冰融化、升华及覆冰维持阶段；与之对应的覆冰厚度计算模型也分为冻雨、雾凇覆冰厚度计算，覆冰融化、脱落厚度计算，覆冰维持阶段覆冰重量及厚度变化为 0，不参与计算。将当前时刻计算的覆冰厚度及重量作为下一个时刻的输入值进行循环计算。各覆冰阶段判定标准及覆冰厚度的计算模型如图 6-2 所示。

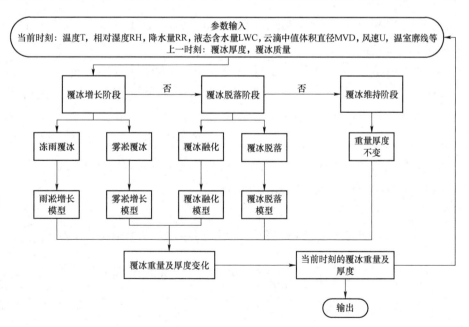

图 6-2 各覆冰阶段判定标准及覆冰厚度的计算模型

1. 覆冰的判定阶段

覆冰判定阶段主要根据气温、相对湿度、降水量等地面及高空气象要素，综合判别该时次的覆冰状态。

（1）对于降水天气，使用 Ramer 提出的一种经验算法对冻雨的发生进行预报，进而确定何时启动冻雨计算模型。当高空存在降水形成层且该层的湿球温度 $Tw \geq -6.6℃$ 或者从地面到该层温度廓线中有一点 $Tw \geq 0℃$，地面湿球温度 $<1℃$ 且含冰率 I_f 在 $0\sim0.85$ 时，判定发生冻雨。其中，含冰率 I_f：

$$I_f = \sum_{n=1}^{N} dI \tag{6-1}$$

$$dI = (0 - \overline{Tw})(\ln P_{n-1} - \ln P_n) / E'\overline{H} \tag{6-2}$$

式中　N——地面到降水形成层间的层数；

　　　dI——每层含冰率的变化值；

　　　P_n——第 n 层的气压，hPa；

　　　$\overline{Tw}$——相邻两层间的平均湿球温度，℃；

　　　E'——经验系数，通常取 0.045℃；

　　　$\overline{H}$——平均相对湿度，%。

（2）对于非降水天气，当地面温度为 $-10\sim1℃$、且相对湿度 $>90\%$ 时，判定覆冰类型为雾凇覆冰。

（3）对于雾凇造成的覆冰，当温度低于 $-10℃$ 且相对湿度小于 60% 时，覆冰状态为升华脱落；当温度大于 $-3℃$ 时覆冰状态为融化脱落。而对于冻雨造成的覆冰增长，当温度大于 0℃ 时为融化脱落，覆冰升华脱落可以忽略。

（4）当近地面及高空气象要素不满足覆冰的增长及脱落的判定条件时，我们将覆冰状态暂定为覆冰的维持阶段，在此阶段覆冰的重量及厚度变化为 0。

不同状态覆冰判断流程如图 6-3 所示。

2. 覆冰厚度的计算

（1）冻雨覆冰厚度的计算模型采用 Jones 的等效冰厚模型：

$$R_{eq} = \sum_i \frac{1}{0.001\pi\rho_i}[(0.001P_i\rho_i)^2 + (3600V_iW_i)^2]^{\frac{1}{2}} \tag{6-3}$$

式中　R_{eq}——冻雨增长的冰厚，mm；

　　　P_i——单位时间内的降水量，mm；

ρ_i ——冰的密度，g/cm；

v_i ——风速，m/s；

W_i ——降水时的液态含水量：$W_i = 0.067 P_i^{0.846}$。

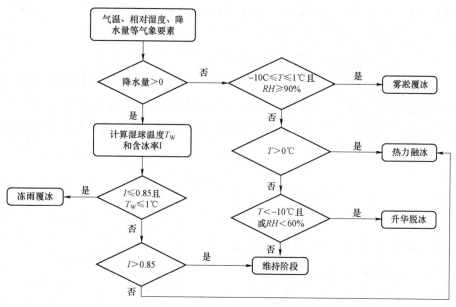

图 6-3　覆冰状态判定流程

冻雨覆冰的密度为 0.9g/cm³，通过覆冰的冰厚计算其体积和重量参与下一个时刻的运算。

（2）雾凇覆冰厚度的计算采用 Makkonen 模型：

$$\frac{\mathrm{d}M}{\mathrm{d}t} = a_1 a_2 a_3 wvs \tag{6-4}$$

式中 $\dfrac{\mathrm{d}M}{\mathrm{d}t}$ ——单位时间内雾凇覆冰的质量增长量；

a_1 ——碰撞率，见式（6-5）；

a_2 ——捕获率，为 1；

a_3 ——冻结率，为 1；

v ——有效粒子速度，即为风速，m/s；

w ——液态含水量（LWC）；

s ——有效积冰横截面。

$$碰撞率 \quad a_1 = A - 0.028 - C(B - 0.045\,4) \tag{6-5}$$

式中　A、B、C——经验参数。

（3）融化、升华的质量变化

覆冰融化速率：　　　$\mathrm{d}M = -0.087 - 0.08T$（kg/m/h）　　　（6-6）

覆冰升华速率：　　　$\mathrm{d}M = -0.007$（kg/m/h）　　　（6-7）

式中　T——当前时刻的气温，℃；

　　　$\mathrm{d}M$——单位时间内覆冰融化的质量，kg。

（4）计算覆冰厚度时，将覆冰形状统一视为理想化的圆柱形覆冰，根据覆冰的状态计算覆冰厚度的变化。模型主要输出当前时刻的覆冰厚度 C_t 和覆冰重量 M_t，设导线初始直径为 D_0，第 t 个时刻导线覆冰重量为 M_t，积冰直径为 D_t，积冰厚度为 C_t，则：

$$D_t = \sqrt{D_{t-1}^2 + \frac{4\mathrm{d}M}{\pi\rho_i}} \tag{6-8}$$

$$C_t = \sqrt{\frac{M_t}{\pi\rho_i} + \frac{D_0^2}{4}} - \frac{D_0}{2} \tag{6-9}$$

式中　ρ_i——覆冰密度，见式（6-10）。

$$\rho_i = \frac{1}{1.329\,6 - 0.291\,1T} \tag{6-10}$$

式中　T——环境温度，℃。

6.2.2　参数化方案优化

在原始方案中，对于雾凇厚度计算模块（Makkonen 模型）中多个参数进行了简化处理，且液态含水量等关键参数通过经验公式计算，这会影响到覆冰厚度的模拟效果，需要对该方案进行补充，形成一套完整的覆冰参数化方案。

1. 捕获率及冻结率的参数化

Makkonen 模型中，捕获率 $a_2 = 1/v$，当 $v < 1\mathrm{m/s}$ 时，$a_2 = 1$。冻结率 a_3 描述了过冷雾滴在线路表面冻结概率的大小，根据 Makkonen 等的研究，导线冻结率 a_3 为 1 时，过冷雾滴在导线表面干增长，所有被导线捕获的过冷雾滴全部冻结在导线表面；当冻结率 $a_3 < 1$ 时，被导线捕获的过冷雾滴部分没有立即在导线表面冻结，并且在积冰表面的热传递过程中会有部分积冰融化为液态水，这些液态水部分可能

会因为自身重力作用脱落而离开导线表面，另一部分可能会随着积冰的发展重新冻结，因此需要根据冰面热平衡公式对冻结率 a_3 进行重新推导，冰面热平衡方程：

$$Q_f + Q_v = Q_c + Q_e + Q_1 + Q_s \qquad (6-11)$$

式中　Q_f——水滴冻结释放的潜热；

$\quad\quad Q_v$——气流与冰面摩擦产生的热；

$\quad\quad Q_c$——气流带走的感热；

$\quad\quad Q_e$——冰面蒸发损失的热；

$\quad\quad Q_1$——加热过冷雾滴到冰点损失的热；

$\quad\quad Q_s$——短波辐射与长波辐射产生的热。

解此方程，可得：

$$a_3 = \frac{1}{F(1-\lambda)L_f}\left[(h+\sigma a)(t_s - t_a) + \frac{h\varepsilon L_e}{C_p P}(e_s - e_a - t_d)\right] \qquad (6-12)$$

式中　F——积冰表面的水通量密度，$F = a_1 a_2 wv$；

$\quad\quad L_f$——水冻结潜热；

$\quad\quad h$——对流热交换系数；

$\quad\quad \sigma$——斯蒂芬玻尔兹曼常数，$5.669\,6\times10^{-8}$W（m²k⁴）$^{-1}$；

$\quad\quad a$——辐射常数，8.1×10^7K³；

$\quad\quad t_s$——冰面温度，℃；

$\quad\quad t_a$——气温，℃；

$\quad\quad L_e$——蒸发潜热；

$\quad\quad C_p$——空气比热；

$\quad\quad P$——气压，Pa；

$\quad\quad e_s$——饱和水汽压，hPa；

$\quad\quad e_a$——水汽压，hPa；

$\quad\quad t_d$——液滴碰撞温度，℃。

Makkonen 和 Stallabrass 给出了雾凇的覆冰密度的经验公式

$$\rho = 0.378 + 0.425\log(R) - 0.082\,3(\log R)^2 \qquad (6-13)$$

$$R = -\left(\frac{v_0 d_m}{2t_s}\right)$$

式中　R——Macklin 参数；

v_0 ——液滴碰撞速度；

d_m ——云雾滴中值体积直径（MVD），mm；

t_s ——冰面温度，℃。

2. 云滴中值体积直径的计算

在雾凇计算中还要计算云滴中值体积直径 MVD，计算过程如下。

使用 Gamma 函数谱来描述云雾滴谱的分布情况。

$$N(D) = N_0 D^\mu e^{-\lambda D} \qquad (6-14)$$

式中　N_0 ——粒子谱分布的截距，见式（6−15）；

　　　D ——云雾滴直径；

　　　λ ——斜率，见式（6−16）；

　　　μ ——谱型参数，见式（6−17）；

$$N_0 = \frac{N\lambda^{\mu+1}}{\Gamma(\mu+1)} \qquad (6-15)$$

$$\lambda = \left[\frac{\pi}{6}\rho_w \times \frac{\Gamma(\mu+4)}{\Gamma(\mu+1)} \times \left(\frac{N_c}{LWC}\right) \right]^{\frac{1}{3}} \qquad (6-16)$$

$$\mu = \min\left(15, \frac{1000}{N_c} + 2\right) \qquad (6-17)$$

式中　N_c ——粒子总浓度，假定为 100cm^{-3}；

　　　ρ_w ——液水密度，g/cm^3；

　　　LWC ——液态含水量，g/m^3，结果由模式输出。

对于正整数 n，Gamma 函数计算如下：

$$\Gamma(n) = (n+1)! \qquad (6-18)$$

云滴中值体积直径 MVD 计算方程为：

$$MVD = \frac{3.672 + \mu}{\lambda} \qquad (6-19)$$

综上所述，$MVD = 27.9738 \times (LWC)^{\frac{1}{3}}$，单位为 μm。

计算覆冰融化过程中的厚度变化时，若之前覆冰增长类型为混合增长，则根据冻雨和雾凇增长的时间，对各自的密度加权平均计算 ρ_i：

$$\rho_i = \frac{\rho_f t_1 + \rho_r t_2}{t_1 + t_2} \qquad (6-20)$$

式中　ρ_f——冻雨覆冰密度；

　　　ρ_r——雾凇覆冰的密度；

　　　t_1——冻雨覆冰增长时间；

　　　t_2——雾凇覆冰增长时间。

6.2.3　覆冰形状的变化及厚度计算方法

使用的覆冰方案假设覆冰累积形状始终保持圆柱状，这种形状过于理想，在实际观测中覆冰形状上的差异可能造成覆冰厚度观测与模拟过程中的误差。因此，有必要对覆冰增长的基本形状进行总结，描述覆冰形状的变化过程。

1. 覆冰形状的变化过程

常见的理想导线覆冰形状一般有 5 种：新月形、圆顶三角形、扇形、D 形、圆柱形（偏心圆），如图 6-4 所示。

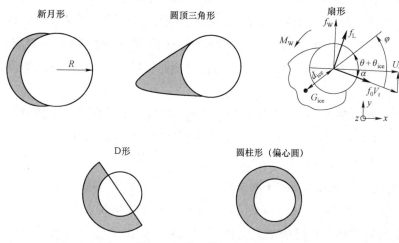

图 6-4　常见的导线覆冰形状

Lilien 等对全球范围内 124 次导线舞动观测中的覆冰形状进行了归类，结果如表 6-1 所示，覆冰现象主要出现在导线的迎风侧，当导线覆冰厚度小于导线半径时，覆冰形状出现新月形的概率最高；随着覆冰厚度的增加，当覆冰厚度超过导线半径后导线覆冰形状逐渐变为圆顶三角形为主。

表 6-1 全球范围内覆冰厚径比与覆冰形状的统计结果

覆冰形状	覆冰厚度/导线直径							
	0~0.5		0.5~1		1~2		2~	
	迎风侧	背风侧	迎风侧	背风侧	迎风侧	背风侧	迎风侧	背风侧
三角形	9	10	8	3	1	0	0	0
圆顶三角形	3	1	34	2	4	0	0	12
新月形	23	0	1	0	1	0	0	0
其他类型	7		0		1		4	

而郭应龙等对导线覆冰形状进行了多次试验,发现覆冰形状有如下规律。

1)当气温较高(0~-3℃)、雨量较大、风速一般时,一般形成垂挂式冰凌。

2)当气温较低(-5~-13℃)、雨量较小时、一般形成新月形覆冰。

3)当气温较低(-5~-13℃)、雨量较大、风速一般时,一般形成扇形覆冰。

4)当气温较低(-5~-13℃)、雨量较大、风速较大时,一般形成 D 形覆冰。

从中我们可以发现,随着导线覆冰量的增加,导线覆冰形状逐渐由新月形经扇形向 D 形发展。此外,国内外学者对导线覆冰形状进行了风洞试验和仿真模拟,发现导线覆冰形状主要由温度、风速、风向、导线的刚性程度和覆冰量决定。因此,在风向、风速与温度不变的情况下,随着覆冰量的积累,我们推测导线的覆冰过程如下。

1)导线开始覆冰,在迎风侧逐渐累积起一层薄薄的冰层,而导线背风侧的覆冰较少,导线重心未发生较大变化,此时导线覆冰形状为新月形。

2)随着覆冰过程的持续,在新月形覆冰的迎风侧,覆冰量一直在增加,且随着垂直于风向的有效截面积的不断减小,覆冰形状呈现出圆顶三角形(或椭圆形)的特征,此时导线重心已逐渐偏离圆心,导线开始出现扭转。

3)随着导线扭转程度的加大,冰面和风向开始出现明显的夹角,在夹角处的覆冰量开始增加,而处于背风侧的覆冰量保持不变,此时导线覆冰形状开始出现扇形。

4)若导线扭转程度过大,则出现近似 D 形的覆冰。

5)若空气中过冷水滴充足,当风向发生变化时,随着导线的逐渐扭转,可能会出现圆柱形的覆冰,但重心已偏离圆心,形成偏心圆。

对 2010~2015 年发生在河南省内各输电线路的导线覆冰事故进行统计,资料中包含导线覆冰形状、覆冰厚度及导线初始直径等数据。剔除部分覆冰形状或覆冰厚度缺测的资料，2010～2015 年河南省共发生导线覆冰事故 171 起，统计结果如表 6-2 所示，当覆冰厚度与导线直径的比值在 0～0.5 之间时，覆冰形状多为新月形覆冰；随着覆冰厚度与导线直径的比值增大到 0.5～1，覆冰形状转变为椭圆形和圆柱形。这也能说明覆冰形状的变化是由新月形向椭圆形和圆柱形转化这一点。

表 6-2　　　　　　　　　2010～2015 年河南输电线路覆冰形状的统计

覆冰形状	覆冰厚度/导线直径	
	0～0.5	0.5～1
新月形	85	0
椭圆形	1	34
扇形	0	3
圆柱形	0	34
不规则形状	12	2

2. 不同形状下覆冰厚度的计算

在此基础上，我们建立了一个简化的判断导线覆冰形状的模型，当导线开始覆冰时，设定导线覆冰形状为新月形，覆冰厚度按椭圆形处理，它的短轴近似为导线的直径，根据截面积和短轴计算椭圆形的长轴，进而计算覆冰厚度，具体计算公式如下。

$$S_t = \frac{M_t}{\rho_i} + \left(\frac{D_0}{2}\right)^2 \pi \qquad (6-21)$$

$$C_t = \frac{1}{2}\left(\frac{S_t}{\pi D_0} - D_0\right) \qquad (6-22)$$

式中　S_t——t 时刻覆冰导线的截面积；

　　　C_t——导线覆冰厚度；

　　　M_t——覆冰重量；

　　　D_0——导线初始直径；

　　　ρ_i——导线覆冰密度（下同）。

（1）当覆冰厚度超过导线半径时，设定覆冰形状为圆顶三角形，计算出覆冰的体积后将覆冰形状按三角形处理，从而计算覆冰厚度，具体计算公式如下：

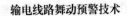

$$S_t = \frac{M_t}{\rho_i} + \frac{1}{2}\left(\frac{D_0}{2}\right)^2 \pi \qquad (6-23)$$

$$C_t = \sqrt{D_0\left(\frac{2S}{D_0} + \frac{D_0}{2}\right)} - D_0 \qquad (6-24)$$

（2）当覆冰厚度超过导线直径时，设定覆冰形状为扇形，由于涉及导线的材质和导线扭转时的空气动力学特性，无法确定风攻角，暂时将覆冰厚度按 D 形处理，计算公式如下：

$$S_t = \frac{M_t}{\rho_i} + \frac{1}{2}\left(\frac{D_0}{2}\right)^2 \pi \qquad (6-25)$$

$$C_t = \frac{1}{2}\sqrt{\frac{2S}{\pi}} - \frac{D_0}{2} \qquad (6-26)$$

本节只是讨论了导线覆冰形状的可能变化及理想状况下覆冰厚度的计算方法。实际上，导线覆冰形状不仅涉及输电线路的材质和导线扭转时的空气动力学特征，还涉及过冷水滴在冰面的三维流动和冻结，使得准确模拟覆冰形状变得非常复杂。因此，该计算方法并没有增添到覆冰参数化方案中。要想准确描述覆冰形状的变化，不仅需要对大量覆冰事件进行观测统计，还需要在实验室和计算机上对覆冰形状做进一步的风洞试验和仿真模拟，这些都有待于在今后的研究中不断完善。

6.3 冻雨预测模型

对全国地面气象站的气象观测记录进行统计分析，掌握我国冻雨发生的时空分布特征，确定全国雨凇、雾凇的时空分布和相关气象要素；以普遍采用的 Ramer 参数化方案为基础，建立冻雨预测模型，并根据研究分析成果对基础冻雨预测模型进行优化，形成一套适合中国地区冻雨预报的新方案，提升冻雨预测的准确率。

6.3.1 冻雨分布特征

1. 地理分布特征

对 1995～2017 年全国发生冻雨的次数进行统计，结果显示我国的冻雨主要集中在长江以南的云贵高原、湖南、江西、安徽南部以及广西东北部地区。河南东南部、山东、湖北、新疆、甘肃、辽宁、宁夏、陕西、福建、浙江以及江苏地区也有零星分布。总体上看我国南方冻雨日数明显高于中国北方地区。在这些有冻雨发生的站点中，贵州威宁、四川峨眉山、湖南南岳发生冻雨次数最多，这几个测站海拔均是 1200m 以上的高海拔站。分析结果显示，高冻雨日数站点并没有在高海拔站点大面积的集中出现，表明冻雨的发生与海拔高度关系不是很大，受气温、湿度和风速等气象因素影响更大一些。

2. 时间分布特征

统计分析结果显示，冻雨多发生在冬季和初春（12 月～次年 3 月），其他月份少有分布。冻雨发生日数最大值月是 1 月，次大值为 2 月和 12 月，3 月之后冻雨发生的范围和频次都快速下降。12 月起冻雨首先出现在云贵高原之后不断向东扩张至湖南等地，次年 1 月份冻雨覆盖范围达到最大值，2 月份开始覆盖范围由东向西缩减，到 3 月份只有少数高山站还能监测到冻雨的发生。

3. 气象影响因素分析

冻雨的发生与风速、湿度、温度等气象要素相关性较高。对 1995～2017 年发生冻雨时地面气象站所观测到的气象要素进行统计分析（见图 6-5），可以看出由冻雨形成的降水量并不多，多在 1mm 以下。冻雨发生时的风速也不大，89%的冻雨发生在 5m/s 以下的低风速区，其中风速 3m/s 时所占比例最大，达到 26%。发生冻雨时的温度都分布在 0℃ 以下，越接近 0℃，发生的概率越高，这与过冷水的性质有关。冻雨发生次数与相对湿度的关系总体上成正相关，也就是说相对湿度越高，冻雨发生的日数也就越多，有接近 25%的冻雨是在相对湿度达到饱和的情况下发生的。综合以上信息，在气温 0℃ 左右，风速较小且相对湿度比较大的情况下更有利于冻雨的形成。

6.3.2　机器学习算法对冻雨预报的作用

利用计算机科学和人工智能相结合的机器学习算法对上节所述的冻雨预报方案进行修正。分析结果显示，机器学习对冻雨预报有较高的准确度，利用机器学习和各类冻雨微物理参数化方案的有机结合是未来的发展方向，有待于更进一步的研究。

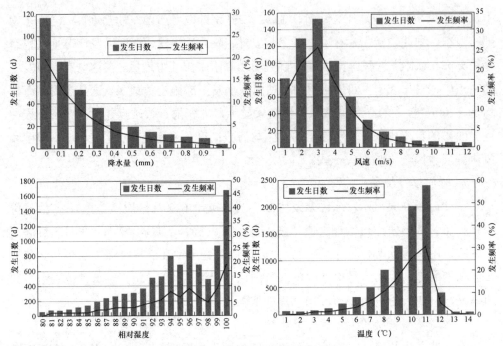

图6-5　冻雨发生时各气象要素的分布情况

1. 机器学习方法介绍

数值模式的兴起促进了天气预报的发展，然而由于大气的运动十分复杂，模式中仅依靠一些动力、流体力学方程组和参数化方案来描述大气的运动规律显然是不够的，同时因为初始场误差、模式无法捕捉次网格运动等原因，对于一些天气过程的预报准确率始终很低。这种因模型驱动的天气预报需要依靠严格的理论依据或经验公式，并有相应的观测事实匹配，这就限制了天气预报模式预报准确率的提高。

机器学习是一种重在寻找数据关联模式并使用这些模式来做出预测的方法，是计算机科学和人工智能非常重要的一个研究领域，它与物理模型不同之处在于完全由数据驱动。机器学习方法可基于训练数据构建相应的训练模型，仅仅通过数据，就能找寻到潜在的预测因子乃至事物本身的发展变化规律，进而搭建精细化程度更高的预测框架。因为常常缺少完整的高分辨率数据或完美的物理模型，机器学习可能是改善天气预报及其类似工作的有效途径，同时也为它在气象领域的应用提供了绝佳的切入点，从某种程度上弥补了数值模式预报中由模型驱动预报的不足。通过将机器学习和气候科学的融合应用，已有研究人员发现了未知的气候特性和大气运动，同时还发现机器学习方法能够对气候模型进行排序和选择，这为不同条件下的最优天气和气候模型的选择提供了重要的参考。

　　机器学习可分为监督式学习、非监督式学习、强化学习和半监督学习四类，常见的算法有回归算法、人工神经网络、决策树、随机森林、深度学习、高斯过程回归、线性判别分析、支持向量机等。机器学习的步骤如图6-6所示，首先将数据分成训练数据和验证数据，然后通过训练数据来构建并使用相关特征的模型，将选用的特征数据接入算法模型来确定模型的类型和参数，利用测试数据来检查被训练并验证模型的预报性能，再使用训练好的模型在新数据上做出预测。

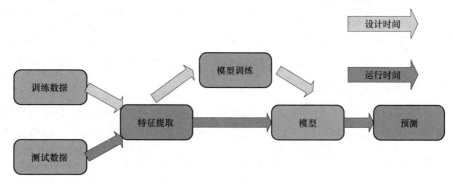

图6-6　机器学习模型

2. 深度学习介绍

　　深度神经网络即深度学习的核心技术，就是逐层无监督预训练输入数据的机制，能够有效地解决模型的参数问题和过拟合问题。在气象大数据的背景下，通过将特征映射到新的特征空间以求挖掘出更深层次的知识和更具代表性的表达，是气象预测技术发展中具有重要意义的一步。使用深度学习的模型处理气象大数据，获得更具有表达性的特征，从而提高气象预测模型性能，这种方式在气象预测上有着广阔的前景。

　　深度学习的一般步骤与机器学习和传统学习步骤有很多相似之处，常规的深度学习流程，可分别从问题定义、数据预处理、特征学习、模型选择、模型训练以及模型评估等几个方面（见图6-7），大体有如下几个步骤。

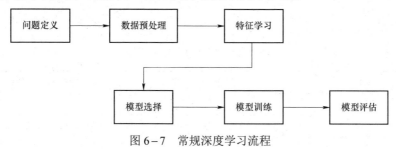

图6-7　常规深度学习流程

（1）问题定义。问题定义指要明确深度学习需要探索的问题，充分了解问题背景，需要研究的相关领域数据收集或业务开展情况，将具体问题解释成能让机器通过学习得到解的问题，建立适合问题解决的模型。

（2）数据预处理。实际的应用中，由于人为误操作、系统故障、存储丢失等各方面的原因，可能造成的数据的离散、重复冗余等情况，良好的数据来源是模型训练成功与否的关键。因此，必须对数据进行必要的清洗预处理。同时，为了满足特定模型需要，还要结合实际任务，完成增加对数据集进行数据转换，标准化等处理任务。

（3）特征学习。深度学习除了可以学习特征以及任务之间的关联外，还能从简单特征中学习到更加复杂的特征。因此，特征选择步骤设置对于深度学习过程也至关重要，经常也与数据预处理同步完成。

（4）模型选择。深度学习工具的选择根据不同的任务要求改变，不同的数据特征使用到的模型也会不同。对于特定的目标需求要确定合适的深度学习模型进行训练，这里还会包括更加具体的对模型优化以及代价函数、激活函数、输入/输出单元等结构的定义与选择。

（5）模型训练。根据机器学习任务模型的结构和数据特点等情况，选择合适的学习型算法进行训练，以贴近目标与期望。

（6）模型评估。模型评估通过相应的类别评价函数对学习结果及效果进行度量，用于衡量模型的好坏。

3. 机器学习修正结果分析

利用 1995～2016 年的地面观测资料，在雨凇和雾凇区随机选出各 80 万个样本作为 BP 人工神经网络模拟训练或学习样本，训练后出现导线覆冰的各影响因素所占权重如表 6-3 所示，无论是雨凇还是雾凇，相对湿度的权重都最大，其次为温度，但雨凇中相对湿度和温度的影响基本相当，而雾凇相对湿度的重要性远超过温度。风速对雨凇和雾凇也有一定的影响，风速对雨凇的影响大于降水量，能见度对雾凇的影响大于风速。

表 6-3　　　　　　　　　　　雨凇和雾凇自变量重要性

参数	雨凇自变量重要性	雾凇自变量重要性
温度	0.438	0.245
相对湿度	0.454	0.538

续表

参数	雨凇自变量重要性	雾凇自变量重要性
风速	0.085	0.092
降水量	0.024	—
能见度	—	0.126

选取直接影响冰冻发生的气象因子（温度、湿度、风速、降水量或能见度）为协变量，在 2017 年 1～2 月雨凇、雾凇区各筛选 10 000 次左右样本，带入训练后的模型模拟线路覆冰范围，并与实测资料进行比对，从预报结果来看，预测雨凇和雾凇空间分布与气象观测站点观测雨凇和雾凇空间分布有很好的一致性，但预测雾凇和雨凇出现范围较实际观测略大，表明 BP 人工神经网络对冰冻天气的范围有一定的预测能力。

6.3.3　冻雨参数化方案构建及优化

在对不同冰冻日的湿球温度（或温度）、相对湿度及风速出现的频率进行统计分析外，还分析了雨凇区降水量及雾凇区能见度的变化，以此来探讨两类冰冻事件发生时各气象要素的阈值分布特征，进而构建冻雨参数化方案。

1. 气象要素的阈值

图 6-8 分别给出了雨凇、雾凇日数与湿球温度（或温度）、相对湿度、风速和降水量的关系。

从图 6-8（a）可以看出，随着湿球温度的增加，雨凇日数呈现单峰分布，大约分布在 -9～5℃，峰值在 -1℃。从图 6-8（b）可以看出，随着温度的增加，雾凇日数呈现单峰分布，峰值在 -5℃，范围在 -20～6℃ 之间。

绝大部分的雨凇和雾凇发生时相对湿度都在 80%～100%，其中相对湿度在 80%～94% 时出现频率随相对湿度的增加呈显著的增长趋势，仅在相对湿度为 96% 之后，发生日数有略微的下降，且雨凇在相对湿度为 100% 时发生日数迅速增加至峰值。而雾凇发生日数则在相对湿度为 94% 后趋于稳定。

雨凇和雾凇日数出现频率都随风速呈单峰分布，雨凇出现日数在风速为 0～2m/s 时逐渐增加，其中风速为 1～2m/s 时出现日数最多，频率约占总数的 43%；雾凇出现日数则从风速为 0～1m/s 时逐渐增加，其中风速为 1m/s 时出现日数最多，频率约占总数的 40%。峰值过后雨凇、雾凇出现日数都显著下降。

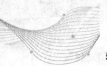

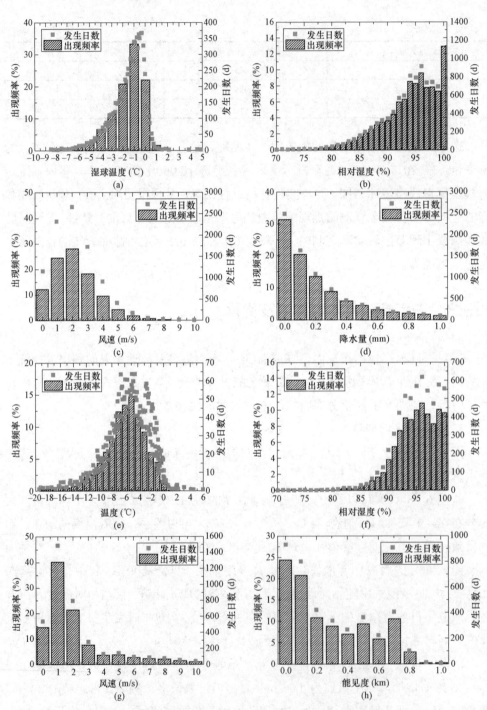

图6-8 雨凇（a～d）、雾凇（e～h）日数与湿球温度（或温度）、
相对湿度、风速和降水量的关系

分析结果显示,雨凇出现日数明显随降水量的增多而减少,且多为"毛毛细雨"。雾凇出现日数总体随能见度的增加而减少,且不会超过 1km。以出现频率 95%为界,雨凇和雾凇易发生的气象要素阈值如表 6-4 所示。

表 6-4 适宜雨凇、雾凇发生的主要气象要素阈值分布

参数	雨凇气象要素阈值	雾凇气象要素阈值
温度	—	−12~−1℃
湿球温度	−6~0℃	—
相对湿度	85%~100%	87%~100%
风速	0~5m/s	0~5m/s
降水量	0.01~0.6mm	—
能见度	—	0~0.7km

通过 23 年高达数万次的样本分析,得出的两类冰冻事件发生时各气象要素的阈值虽然与前人的研究结果有一定的差异,但相较而言更为准确。

2. 冻雨预测参数化方案

Ramer 参数化方案是冻雨预测较为常用的模型,其在地面部分最主要的参数是地面湿球温度,当大于 2℃时,降水类型为雨水;当低于−6.6℃时,降水类型为雪;当湿球温度介于−6.6~2℃时,有可能形成雨凇,其是否形成还需要根据高空降水形成层的温度再进行判断。

Ramer 参数化方案在美国及欧洲的冻雨预报研究中取得了不错的预报效果,但该方案是否适合中国冻雨的预报还需进一步验证。利用 10 年间中国 89 个探空站周围 35km 内共 384 个地面站的观测资料,结合原始 Ramer 参数化方案对中国区域的冻雨进行预报,对预报结果进行 TS 评分检验(见表 6-5)。10 年间各站共发生冻雨 572 次,检验结果显示原始 Ramer 方案共预报发生冻雨 2572 次,与地面观测站点冻雨的实况相比,其中成功预报 532 次,漏报 40 次,漏报率平均为 0.07,空报次数 2040 次,空报率高达 0.8 以上,造成 TS 总体评分仅为 0.2,低、中、高海拔地区空报率均高于 0.5,特别是在低海拔区域,其空报率更是高达 0.95,导致其 TS 评分只有 0.05,这表明原始 Ramer 参数化方案虽有一定的预报能力,但存在空报率过高的缺陷。可能是原始 Ramer 参数化方案的阈值范围过宽所致。

表 6-5   原始 **Ramer** 参数化对中国区域 **10** 年冻雨预报效果检验

海拔	冻雨发生次数	累计预报次数	成功预报次数	TS 评分	空报率	漏报率
低海拔	88	1392	67	0.05	0.95	0.24
中海拔	154	416	143	0.33	0.66	0.07
高海拔	330	764	324	0.42	0.58	0.02
总数	572	2572	534	0.2	0.79	0.07

3. Ramer 参数化方案的优化

原始 Ramer 方案预报中国地区冻雨的空报率过高，可能是由于发生冻雨的区域跨越中国地势三大阶梯，地势高低不同，导致冻雨发生的气象阈值会随海拔发生变化，它可能使原始 Ramer 方案中参数的阈值发生变化。

针对 Ramer 参数化方案的局限性，做出如下优化。

1）地面湿球温度优化。当地面湿球温度大于 0℃时，降水类型为雨水；小于 -6.0℃时，降水类型为雪；介于 -6~0℃时，再根据高空降水形成层的温度进行判断。

2）增加判断依据。分析结果显示，相对湿度、风速及降水量均与冰冻天气的形成密切相关。根据表 6-3 确定的相关阈值，增加了以下判据：

① 降水量仅在 $0.6mm > R > 0.01mm$ 时，才适宜发生雨凇；

② 相对湿度仅在 $100\% \geqslant RH > 85\%$ 时，才适宜发生雨凇；

③ 风速仅在 $5m/s \geqslant WS \geqslant 0$ 时，才适宜发生雨凇。

高空判定条件依然使用 Ramer 原有数据。

雨凇预报模型流程如图 6-9 所示（虚线内为改进和增加部分）：

经过对原始 Ramer 方案的优化和增加指标后（简称改进的 Ramer 方案），冻雨预报的流程如图 6-10 所示。

6.4　输电线路舞动预警及优化

在对覆冰、冻雨和各气象要素进行研究分析的基础上，采用机器学习算法和人工智能方法，建立基于支持矢量机的区域舞动气象条件预警模型，在此基础上根据电网生产需要和线路舞动预警实践，采用 Adaboost 集成学习算法、Bayes-Adaboost 方法对线路舞动预警模型进行升级、优化，逐步提升输电线路舞动预警的准确率和实用性。

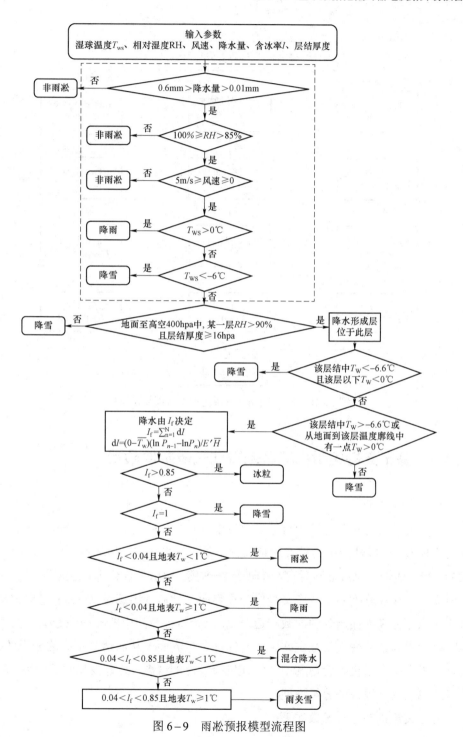

图 6-9　雨凇预报模型流程图

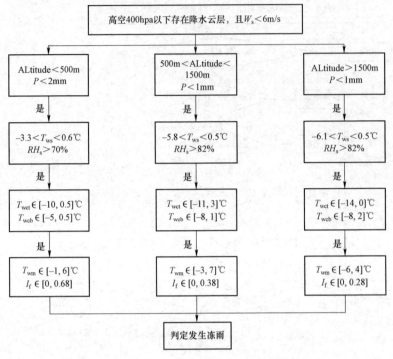

图 6-10 改进 Ramer 参数化方案冻雨判定流程

6.4.1 基于支持矢量机的区域舞动气象条件预警

1. 支持矢量机概述

支持矢量机是一种通用的机器学习算法，也是一种重要的模式分类技术，其在解决小样本、非线性及高维模式识别问题中具有很多优势。其基本原理可以简要概括为：利用线性可分或非线性可分的训练样本集，运用最优化理论在原始特征空间中建立最优线性分类界面或广义最优分类界面，然后利用满足 Mercer 定理的核函数代替原始分类界面函数中的数积运算，将原始特征空间中的非线性分类界面隐式地映射到更高维的变换特征空间中产生线性分类界面，从而达到更好的分类效果。而且由于支持矢量机隐含地利用了结构风险设计的概念，具有很强的推广性，对工作模式也能达到很好的分类性能。

支持矢量机的分类函数如下：

$$d(\boldsymbol{x}) = \text{sgn}\left[\sum_{i=1}^{N} \alpha_i \cdot y_i \cdot K(\boldsymbol{x_i}, \boldsymbol{x}) + b\right] \qquad (6-27)$$

式中　N——（训练）样本个数；

　　$\alpha_i \cdot y_i$——权矢量；

　　$K(\cdot)$——核函数；

　　b——分类阈值。

利用支持矢量机技术求得的分类函数，形式上类似于一个神经网络，其输出时隐含层单元的线性组合，而每一个隐含层单元的输入是输入样本与一个支持矢量的数积，如图 6-11 所示。

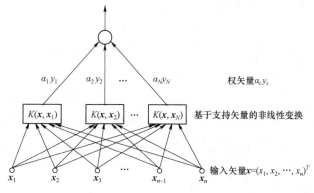

图 6-11　支持矢量机网络

2. 区域舞动气象条件预警

利用支持矢量机进行区域舞动气象条件预警，前期工作主要是确定输入特征量、选择核函数，以及确定训练集或训练样本并对模型进行训练。

（1）输入特征量

导线覆冰是一个积累的过程，因此选取各气象站对应区域（县级）三天的气象数据（即当天，以及昨天和前天的气象历史或预报数据）构造输入特征空间（维数为 13）。

$$\boldsymbol{x} = \{X_2, X_1, X_0\} \qquad (6-28)$$

式中　X_2——前天的气象数据，$X_2 = \{$最低温度，平均相对湿度，日降水量，平均风速$\}$；

　　X_1——昨天的气象数据，$X_1 = \{$最低温度，平均相对湿度，日降水量，平均风速$\}$；

X_0——当天的气象数据，X_0 = {最低温度，相对湿度，日降水量，最大风速，最大风速的风向}。

对各气象数据的说明如下：

温度单位：摄氏度（℃）。

降水量单位：毫米（mm）。在气象站提供的降水量数据中，3270 表示缺测，出现该数值时可以删除，或以当天就近站点的降水量数据代替。

风速单位：米/秒（m/s）。在气象站提供的风速数据中，36 766 表示缺测，处理方法与降水量相同。

风向：北风以数字"1"代表，东风为"5"，南风为"9"，西风为"13"，以此类推，该数值每加 1，代表风向角加 22.5°。

各气象要素的日平均值（平均相对湿度、平均风速等），均是基于实时库中提取得到的各要素逐日 4 次定时（02:00、08:00、14:00、20:00）观测数据统计得到，统计规定如下：

日平均气温、相对湿度、0cm 地温均为 4 次定时观测值的平均值。

一般情况下，日平均本站气压、日平均风速均由 4 次定时观测值平均得到，但当三次人工观测站在未配置自记仪器的情况下，由 08:00、14:00、20:00 定时观测值平均得到。

按上述规定统计日平均值时，当参加统计的某定时值缺测时，相应的要素日平均值也按缺测处理。

（2）核函数（Kernel Function）

可选的核函数主要有：linear、quadratic、polynomial、rbf，经过多次测试，选择 quadratic 核函数效果更优。

（3）训练集或训练样本

选择气象站所在区域的历史气象数据，根据输入特征量的结构以及该区域内输电线路的历史舞动情况构成训练集。其中，如果在某一天该区域内存在舞动情况，则舞动模型或图 6－11 所示支持矢量机的输出结果（对该区域、该天输入特征量的判断结果）为"1"，否则不舞动时则取为"－1"。

基于支持矢量机的区域舞动气象条件预警流程如图 6－12 所示。

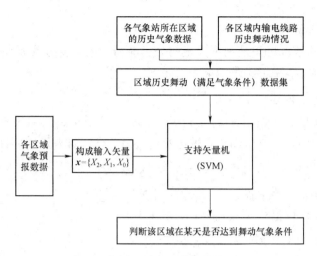

图 6-12　基于支持矢量机的区域舞动气象条件预警流程

6.4.2　基于 Adaboost 集成学习算法的线路舞动预警

根据区域舞动气象条件预警实践情况，利用 Adaboost 集成学习算法对舞动预警模型进行优化，实现输电线路舞动概率的预警。

1. Adaboost 集成学习算法

对一个预测分类问题,统计学习的基本目标是根据观测数据建立具有较强泛化能力（指从训练样本中学习得到的模型对新数据的预测分类能力）的学习器。但在很多情况下，由于学习器的精确性受领域知识和训练数据及其分布（尤其是对那些我们还未完全了解其本质的预测问题，如线路覆冰舞动）的影响很大，使得我们很难直接构造具有高精度的学习器。然而，产生数个只比随机猜测略好的弱学习器却很容易，因此，寻找一般的提高已有学习器精确性的方法是很有价值的，这在直接构造强学习器非常困难的情况下,为学习算法的设计提供了一种有效的新思路和新方法，集成学习正是在这一背景下应运而生的。

（1）Adaboost 算法原理

Adaboost算法最早于1996年提出,以Schapire的"弱分类器"性能分析及Freund的"学习理论"为基础。由于该算法不要求事先知道弱学习算法预测精度的下限，只要求基本分类器的正确识别率略大于"随机猜想"即可（也被称为弱分类器），因此能够更好地适用于实际问题。它具有泛化错误率低、易编码等优点，被评为数据挖掘十大算法之一。

Adaboost 的基本思想是利用大量的分类能力一般的弱分类器通过一定方法叠加起来，构成一个分类能力很强的强分类器。

Adaboost 算法描述如下：

输入：样本集 $X = \{(\boldsymbol{x_1}, y_1), (\boldsymbol{x_2}, y_2), \cdots, (\boldsymbol{x_N}, y_N)\}$；其中，$\boldsymbol{x_i}$ 为第 i 个样本的气象特征向量（风速、风向、温度和相对湿度等）；$y_i = \{-1, 1\}$ 表示第 i 个样本的类别标号；-1 表示未发生舞动，1 表示有发生舞动；N 为样本数。弱分类器设计方法 C；训练次数（即弱分类器个数）T。

初始化：样本权值分布 $w_1(i) = 1/N, i = 1, 2, \cdots, N$。

当 $t = 1, 2, \cdots, T$ 时：

1）根据 $w_t(i)$ 从 X 中进行有放回的抽样生成新的样本集合 X_t；

2）在新样本 X_t 上训练弱分类器 $C_t(X)$，然后用 $C_t(X)$ 对原始训练样本集 X 进行分类；

3）计算弱分类器 $C_t(X)$ 的分类错误率；

$$\varepsilon_t = \sum_{i=1}^{N} w_t(i) I(C_t(x_i) \neq y_i) \qquad (6-29)$$

式中，当 $C_t(x_i) \neq y_i$ 时，函数 $I(\cdot)$ 取值为 1，其余则为 0。

4）计算弱分类器 $C_t(X)$ 的系数：

$$a_t = \frac{1}{2} \ln\left(\frac{1 - \varepsilon_t}{\varepsilon_t}\right) \qquad (6-30)$$

5）更新权值分布；

$$w_{t+1}(i) = \frac{w_t(i)}{Z_t} \times \begin{cases} e^{-a_t}, & C_t(x_i) = y_i \\ e^{a_t}, & C_t(x_i) \neq y_i \end{cases}$$

$$= \frac{w_t(i)}{Z_t} \cdot e^{-a_t y_i C_t(x_i)}, \quad i = 1, 2, \cdots, N \qquad (6-31)$$

式中，$Z_t = \sum_{i=1}^{N} w_t(i) \cdot e^{-a_t y_i C_t(x_i)}$ 是归一化因子，使得 $\sum_{i=1}^{N} w_{t+1}(i) = 1$。

6）最终分类器：

$$y = C(X) = \mathrm{sgn}\left[\sum_{t=1}^{T} a_t C_t(X)\right] \qquad (6-32)$$

式中，sgn(·) 为符号函数，即当自变量＞0，函数 sgn(·) = 1；当自变量≤0，函数 sgn(·) = -1。

（2）弱分类器的构建

作为弱分类器，简单分类器的效果更好，所以选择最常用的单层决策树作为弱分类器。该决策树仅基于单个输入特征并采用阈值划分方法来做决策，即只有一个节点，且由于这棵树只有一次分裂过程，与树桩形似，因此它也常被称作决策桩（decision stump）。

决策桩构造的最关键问题是如何判断阈值划分结果的好坏，以便选择最佳分割点。目前一般采用基于信息量或错误率（如 Gini 指标）的衡量准则，研究分析得知 Gini 不纯度指标比信息量指标性能更好、计算更方便，其最大的特点是计算时只需考虑类值在被划分时每一部分的分布情况。因此，采用 Gini 指标来评估分割规则的优劣程度，对于包含 c 个类别的数据集 S，Gini 指标定义如下：

$$gini(S) = 1 - \sum_{j=1}^{c} p_j^2 \qquad (6-33)$$

式中，p_j 表示集合 S 中类别 j 的样本所占的比例。若分割规则 $rule$ 将 S 划分为 S_1 和 S_2 两个子集，则该规则的评估值记为：

$$gini(S, rule) = \frac{n_1}{n} \cdot gini(S_1) + \frac{n_2}{n} \cdot gini(S_2) \qquad (6-34)$$

式中，n_1 为子集 S_1 的样本个数；n_2 为子集 S_2 的样本个数；n 为集合 S 的样本个数。

对于一个数值型属性，基于 Gini 指数的决策桩分割思想是：在遍历所有可能的分割方法后，选择使评估值 $gini$（S，$rule$）达到最小的作为此节点处的最优划分规则。其算法步骤如下。

1）对数值型属性的样本值进行排序，假设排序后的结果是$(x_1, y_1), (x_2, y_2), \cdots,$ (x_n, y_n)；

2）由于分割只发生在两个数据点间，所以通常取中点 $(x_i + x_{i+1})$ /2 作为分割点，然后从小到大依次取不同的分割点，并计算各分割规则的 $gini$ 值；

3）取使 $gini$ 值最小的点作为最佳分割点，即形成决策桩弱分类器。

2. 基于 Adaboost 的输电线路舞动预警

输电线路舞动预警可以归结为有监督学习下的分类预测问题。基于 Adaboost 的输电线路舞动预警流程如图 6－13 所示。

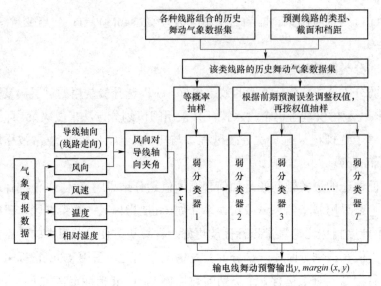

图 6-13 基于集成学习方法的输电线路舞动预测

以某类别输电线路舞动条件下的历史气象特征数据记录构成训练样本集；以基于 Gini 指数的决策桩作为弱分类器，采用 Adaboost 集成学习算法形成强分类学习器；再以舞动相关气象特征向量的预报数据 x 作为输入，即可得到该预报气象环境下该线路的舞动预测结果 y（1 表示预测发生舞动；-1 表示预测不发生舞动）。此外，还可用下式计算结果置信度（概率）：

$$P(x,y)=\frac{\sum_t a_t C_t(x)}{\sum_t |a_t|} \qquad (6-35)$$

式中：$P\in[-1,+1]$，较大的正（负）边界表示预测该线路发生（不发生）舞动的可信度高，较小的边界则表示预测结果的可信度较低；如 $P=0.9$，表示该线路很可能发生舞动。

6.4.3 基于 Bayes-Adaboost 方法的舞动预警

在基于 SVM 与 Adaboost 舞动预警的基础上，加入时间累积与空间维度信息，根据 Bayes 对上述方法进行优化，可实现基于 Bayes-Adaboost 自适应方法的舞动预警。

若求得当前温度下，输电线路是否发生舞动的概率，即为求当前气象因素下，舞动发生的条件概率。根据 Bayes 公式：

$$P(s \mid T) = \frac{P(s,T)}{P(T)} = \frac{P(T \mid s) \cdot P(s)}{P(T)} \tag{6-36}$$

式中　s——输电线路状态，即是否舞动；

　　　T——当前的气象条件等相关的特征参数；

　　$P(s)$——到目前为止，舞动发生的总概率，为一定值 C；

　　$P(T)$——当天发生该气象条件的概率，在公式中值为 1。

　　因此，上式可以简化为：

$$P(s \mid T) = P(T \mid s) \cdot P(s) = P(T \mid s) \cdot C \tag{6-37}$$

因为 C 为定值，即最终结果为求舞动发生的情况下，发生当前气象条件的概率。

我们选取的特征参数为：最高温度、最低温度、平均温度、前 24h 温度变化率、湿度、前 24h 湿度变化率、最大风速、最小风速、平均风速、线路风向夹角、线径、输电导线分裂数。考虑到 C 为定值，概率公式可以为以下形式：

$$P(s \mid T) = P(T \mid s) \cdot C = C \cdot P(t_1 t_2 \cdots t_n \mid s) \tag{6-38}$$

考虑到实际运用中只有平均温度与平均风速，公式中温度、风速相关的特征我们取平均温度与前 24 小时的温度变化率，风速取平均风速。

单因素权重的等效计算方法：

$$P(t_i \mid s) = \frac{Count_{ti}}{Count_s} \tag{6-39}$$

式中　$Count_{ti}$——第 i 个参数条件下，发生舞动的个数；

　　$Count_s$——所有舞动发生的个数。

每次舞动事件发生过后，该权重会动态更新，更新公式为：

$$P(t_{inew} \mid s) = \frac{Count_{ti} + i}{Count_s + i} \tag{6-40}$$

第 7 章　输电线路舞动监测技术

输电线路舞动监测是舞动研究的前提和基础,输电线路舞动监测需从发生舞动的三方面要素来考虑,即:输电线路不均匀覆冰、风激励和输电线路结构参数。一般来说,输电线路发生舞动的日期、时间、气温、风速、风向、冰型、冰厚、输电线路参数(档距、分裂输电线路分裂数)、阶次、频率、振幅等信息是非常重要的,应尽可能准确、翔实地观测、记录。其中表征舞动特性的参数为振幅、频率和阶次等,本书所说的舞动监测即对这些主要参数进行监测。

振幅:振动物体离开平衡位置的最大距离叫振动的振幅。振幅描述了物体振动幅度的大小和振动的强弱,有时常用峰值表示舞动振幅。舞动幅值又分为水平位移振幅、垂直位移振幅、扭转角度振幅。

频率:1s内振动质点完成的全振动的次数叫振动的频率。输电线路舞动的频率主要由输电线路的张力、线密度等本体结构参数决定。频率分为水平位移频率、垂直位移频率、扭转角度频率。

阶次(振型):阶次即为振型,振型是指振动体系的一种固有的特性,它与固有频率相对应,每一阶固有频率都对应一种振型。输电线路舞动在振动形态上表现为在一个档距内只有一个或少数几个半波,如图7-1所示。

常用的舞动监测技术如表 7-1 所示,包括:基于加速度传感器的舞动监测技术、基于单目测量的舞动监测技术、基于惯性测量传感器的舞动监测技术、基于全光纤分布式传感技术的舞动监测技术等。

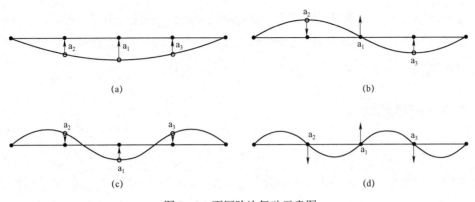

图 7-1 不同阶次舞动示意图

（a）一阶舞动；（b）二阶舞动；（c）三阶舞动；（d）四阶舞动

表 7-1   常用的舞动监测技术

分类	监测参数	适用范围	应用情况
基于单目测量的舞动监测技术	水平和垂直位移幅值、频率、振型	离线或在线监测装置，适用于安装有间隔棒的多分裂架空输电线路，对视频装置有一定要求	河南、安徽等地的多条输电线路上应用
基于加速度传感器的舞动监测技术	水平和垂直位移振幅、频率、振型	在线监测装置，需要输电线路上安装传感器	山东、山西、重庆、陕西、上海、江苏、浙江、安徽、辽宁、吉林、新疆维吾尔自治区等应用
基于惯性测量传感器的舞动监测技术	水平和垂直位移振幅、扭转角度振幅、频率、振型	在线监测装置，需要输电线路上安装传感器	河南尖山真型输电线路试应用
基于全光纤分布式传感技术的舞动监测技术	舞动频率	在线监测装置，分布式监测。适用于 OPPC（optical phase conductor，光纤复合相线）输电线路监测输电线路舞动；OPGW（optical fiber composite ground wire，光纤复合架空地线）地线间接监测输电线路舞动	河南尖山真型输电线路试应用

7.1 基于单目视觉测量的舞动监测技术

单目视觉测量是指仅利用一台相机拍摄连续相片或视频来进行测量工作。因其仅需一台视觉传感器，所以该方法结构简单、相机标定也简单，同时还避免了立体视觉中的视场小、立体匹配难的不足，近年来这方面的研究较为活跃。基于该技术的输电线路舞动监测系统不仅能够得到输电线路舞动的幅值、频率和阶次参数,而且可以获取被测输电线路段的动态运动轨迹,具有非接触式测量、同步多点监测、测量范围大、便携方便、操作简单和运行速度快等优点。

7.1.1 成像模型

在计算机视觉中,利用所拍摄的图像来计算三维空间中被测物体几何参数,图像是空间物体通过成像系统在像平面上的反映,即空间物体在像平面上的投影。图像上每一个像素点的灰度反映了空间物体表面某点的反射光的强度,而该点在图像上的位置则与空间物体表面对应点的几何位置有关。这些位置的相互关系,由摄像机成像系统的几何投影模型所决定。

三维空间中的物体到像平面的投影关系即为成像模型,理想的投影成像模型是光学中的中心投影,也称为针孔模型。假设物体表面的反射光都经过一个针孔而投影到像平面上,即满足光的直线传播条件。针孔模型主要由光心(投影中心)、成像平面和光轴组成。小孔成像由于透光量太小,因此需要很长的曝光时间,并且很难得到清晰的图像。实际摄像系统通常由透镜或者透镜组组成。两种模型具有相同的成像关系,即像点是物点和光心的连线与图像平面的交点。因此,以针孔模型作为摄像机成像模型。

在推导成像模型的过程中,不可避免地要涉及空间直角坐标系,直角坐标系分为右手系和左手系两种。如果把右手的拇指和食指分别指向 x 轴和 y 轴的方向,中指指向 z 轴的方向,满足此种对应关系的就叫作右旋坐标系或右手坐标系;如果左手的三个手指依次指向 x 轴、y 轴和 z 轴,这样的坐标系叫作左手坐标系或者左旋坐标系。本节所述内容使用的坐标系均为右手坐标系。

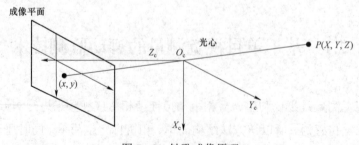

图 7-2 针孔成像原理

对于仅有一块理想薄凸透镜的成像系统，要成一缩小实像，物距 u、像距 v、焦距 f 必须满足下式：

$$\frac{1}{u}+\frac{1}{v}=\frac{1}{f} \tag{7-1}$$

当 u 远大于 f 时，可以认为 v 与 f 近似相等，若取透镜中心为三维空间坐标系原点，则三维物体成像于透镜焦点所在的像平面上，如图 7-2 所示。

图中 $(X,\ Y,\ Z)$ 为空间点坐标，$(x,\ y,\ -f)$ 为像点坐标，$(X_c,\ Y_c,\ Z_c)$ 为以透镜中心即光学中心为坐标原点的三维坐标系。成像平面平行于光平面，距光心距离为 f。则有下列关系成立：

$$\begin{cases} x=-\dfrac{f}{Z}\bullet X \\ y=-\dfrac{f}{Z}\bullet Y \end{cases} \tag{7-2}$$

上述成像模型即为光学中的中心投影模型，也称为针孔模型。模型假设物体表面的部分反射光经过一个针孔而投影到像平面上，也就是成像过程满足光的直线传播条件，为一个射影变换过程；而相应地，像点位置仅与空间点坐标和透镜焦距相关。由于成像平面位于光心原点的后面，因此称为后投影模型，此时像点与物点的坐标符号相反；为简便起见，在不改变像点与物点大小比例关系的前提下，可以将成像平面从光心后前移至光心前，如图 7-3 所示，此时空间点坐标与像点坐标之间符号相同，成等比例缩小的关系，此种模型称为前投影模型。

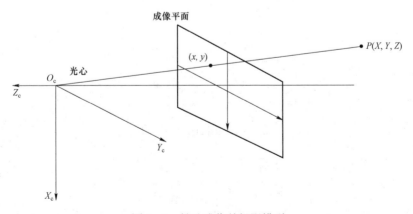

图 7-3　针孔成像前投影模型

7.1.2 标定方法

摄像机标定是从二维图像获取三维空间信息的必要和关键步骤,其目的是获取摄像机的内外参数,确定摄像机坐标系到世界坐标系之间的相对变换关系。单目视觉监测系统中图像识别系统通过视频跟踪技术,对输电线路的特征点(一般指输电线路上的间隔棒)进行捕捉跟踪,得到的是各点的二维像素变化曲线,需通过相应的摄像机标定方法得到每一个像素点对应的实际距离,得到实际输电线路上特征点的空间坐标变化,从而得到各特征点的真实运动轨迹。

在视频跟踪分析过程中,需要确定图像尺寸和实际尺寸的对应关系,而拍摄位置和拍摄时摄像机镜头的角度及焦距不同,所得到的对应关系也不同。因此,在每一次确定了观测点位置和镜头角度之后,都要对摄像机进行标定。

根据成像基本原理,可以进行标定计算。标定的主要目的是:将测量结果转换为实际的物理单位。特征点一般选择输电线路上的间隔棒。

相机成像切面图如图7-4所示。

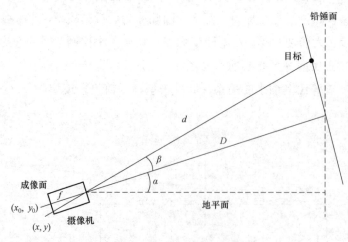

图7-4 相机成像切面图

假设空间内任意一点的垂直位移标定系数 K,则

$$K = \frac{b \times D}{f} \times \cos\alpha \qquad (7-3)$$

式中 K——某一被测点的垂直位移标定系数;

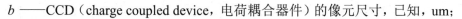

b ——CCD（charge coupled device，电荷耦合器件）的像元尺寸，已知，um；

α ——摄像机的仰角；

f ——镜头的焦距，已知，mm；

D ——摄像机到物平面的距离，m。

其中

$$D = d \times \cos\beta - \frac{f}{1000} \qquad (7-4)$$

式中 d ——被测点到摄像机的距离，m；

β ——被测点相对于摄像机的光轴之间的夹角。

其中

$$\beta = \sqrt{(x-x_0)^2 + (y-y_0)^2} \times \tan^{-1}\frac{b}{f} \qquad (7-5)$$

式中 x，y——被测点像素坐标，当被测点选定以后，(x, y) 也就确定已知；

x_0，y_0 ——摄像机的中心点坐标，已知。

通过以上三个公式，可以得到测量垂直位移的标定系数为：

$$K = \frac{b \times \left\{ d \times \cos\sqrt{(x-x_0)^2 + (y-y_0)^2} \times \tan^{-1}\dfrac{b}{f} - \dfrac{f}{1000} \right\}}{f} \times \cos\alpha \qquad (7-6)$$

对经常发生舞动的区域，可以事先确定一个固定的测量位置，每次仪器都架设在这个位置进行测量。这样做的好处是：标定工作只做一次，以后再测量的时候，只需要把测量仪器架设在相同的位置，就不需要重新标定。在输电线路舞动监测中，测量距离一般都在百米以上，当每次架设仪器的位置相差几个厘米，甚至几十厘米的时候，带来的相对误差非常小，所以无需要求仪器每次架设的位置完全一致。

7.2 基于加速度传感器的舞动监测技术

基于加速度传感器的舞动监测技术是应用最早、使用较多的输电线路舞动监测方法之一。国内外有大量相关研究和应用案例。

基于加速度传感器的舞动在线监测技术的基本原理如图 7-5 所示，在输电线路上安装前端加速度传感器，实时采集输电线路舞动时的加速度信息；在临近输电铁塔上安装数据收发基站，及时收集前端传感器数据并发送至后台服务器；后台服务器安装于远端控制中心，通过对输电线路监测点在空间坐标系中三个方向加速度信号的二次积分、矢量合成等数据处理操作后，可以得到监测点的舞动位移矢量和三维空间中舞动变化轨迹；输电线路运维人员在电脑或手机端登录网页可以查看输电线路舞动状态并辅助运维决策。

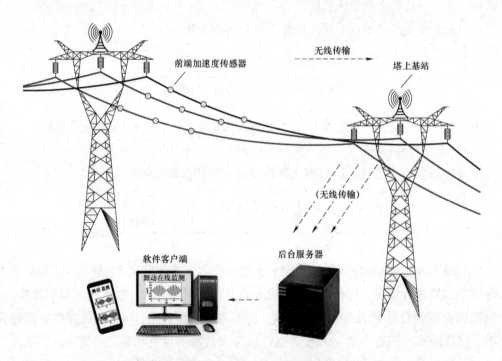

图 7-5　基于加速度传感器的舞动在线监测技术原理图

7.2.1　加速度—位移转换原理

对于任意平动物体，其加速度与速度之间，速度与位移之间均满足一次积分关系，加速度与位移之间满足二次积分关系，可以利用这种关系实现加速度到位移的转换。为了简化分析，首先对单维度运动物体的加速度—位移二次积分转换原理进行分析。

设 $a(t)$、$v(t)$、$s(t)$ 分别表示单维度运动物体的加速度信号、速度信号和位移信号,加速度信号经过一次积分得到速度信号,速度信号进行一次积分得到位移信号,其关系可以表述为:

$$\int a(t)\,\mathrm{d}t = v(t) + c_0 \tag{7-7}$$

$$\int v(t)\,\mathrm{d}t = s(t) + c_1 \tag{7-8}$$

式中,c_0 和 c_1 为常数项,其中 c_0 与起始时刻的物体运动速度、加速度信号采样误差等因素相关;c_1 与起始时刻的物体运动位移、速度信号的积分精度等因素相关。

因此加速度 $a(t)$ 和位移 $s(t)$ 之间的关系可以表示为:

$$\iint a(t)\,\mathrm{d}t = s(t) + c_0 t + c_1 \tag{7-9}$$

由式(7-9)可知,运动物体在某个确定维度(方向)上加速度与位移之间存在二次积分关系,可以利用监测采集运动物体的加速度信号,并进行二次积分后得到运动物体的位移信号,即物体在运动维度(方向)上的平动轨迹。这种关系被称为加速度—位移二次积分转换原理。

同时,由式(7-9)可知,c_0、c_1 等参数对加速度—位移二次积分转换关系影响显著:当 c_0 不为零时,位移 $s(t)$ 将呈现出以 c_0 为斜率随时间累积变化的一次函数特征;当 c_1 不为零时,位移 $s(t)$ 将呈现出在某个固定位移量基础上变化的特征。

当加速度—位移转换原理应用于舞动轨迹监测时,需注意几点:

1)即使忽略输电线路自身的扭转特征,仅考虑输电线路舞动的平动特征,舞动加速度测量也不是单一维度测量,需要开展竖直方向、水平垂直输电线路方向、水平输电线路方向三个不同方向加速度测量,并进行不同方向矢量合成。

2)由于输电线路上任意一点的舞动轨迹必定是在有限范围内变化,位移 $s(t)$ 不应含有随时间变化的一次函数分量,即 c_0 应为零。因此,加速度积分的起始时刻应选在输电线路运动速度为零的时刻。

3)由于 c_1 对位移 $s(t)$ 的影响明显,微小的加速度或速度误差均会造成位移 $s(t)$ 较显著的误差,因此,必要时需要选择合适的积分方法并对位移信号进行修正处理。

7.2.2 三维位移矢量合成原理

在三维空间内,任意一点的位移矢量均可以表示为两两互相正交的三个维度对应位移矢量的合成。在单维度加速度—位移转换的基础上,如果可以获取另外两个维度的加速度信息,便可以得到三维空间坐标系下测量点的总位移。

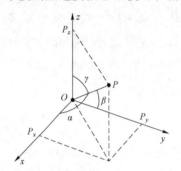

图 7-6 为三维空间位移合成示意图,其中 **OX**、**OY**、**OZ** 满足 **OX ⊥ OY ⊥ OZ**,在三维空间中,当传感器从 *O* 点运动到 P 点,两点的位移矢量可以表示为 $\vec{p}$,其中 $\vec{p}_x$、$\vec{p}_y$ 和 $\vec{p}_z$ 分别为位移矢量 **OP** 在三个坐标轴上的投影,α、β、γ 分别为位移矢量 **OP** 与三个坐标轴的夹角。

图 7-6 三维空间位移合成示意图

根据矢量合成原理,可以得出传感器移动的位移和方向角分别可以表示为:

$$|\vec{p}| = \sqrt{|\vec{p}_x|^2 + |\vec{p}_y|^2 + |\vec{p}_z|^2} \tag{7-10}$$

$$\begin{cases} \alpha = \arccos\left(\dfrac{|\vec{p}_x|}{|\vec{p}|}\right) \\[2mm] \beta = \arccos\left(\dfrac{|\vec{p}_y|}{|\vec{p}|}\right) \\[2mm] \gamma = \arccos\left(\dfrac{|\vec{p}_z|}{|\vec{p}|}\right) \end{cases} \tag{7-11}$$

因此,对于输电线路舞动轨迹监测,首先利用三个正交方向上加速度二次积分得到各个方向上的平动位移,然后利用式(7-10)和(7-11)的矢量合成公式,便可以得到测量点的总位移矢量,即监测点在空间三个方向上的舞动平动轨迹。

7.3 基于 IMU 的舞动监测技术

随着舞动研究的深入,发现输电线路在舞动时不仅发生垂直、水平方向的振动,还多发生扭转，而基于加速度传感器的舞动监测技术只能感知自身载体坐标系下的加速度变化，当载体坐标系与地理坐标系由于输电线路扭转存在夹角时，会导致地心引力作用下的重力加速度在载体坐标系上产生分量，从而导致测得的舞动加速度失真，最终无法得到准确的舞动幅值等参数。因此，为解决输电线路舞动时扭转的影响，获得更为准确的舞动数据，出现了利用惯性测量单元（inertial measurement unit，IMU）的舞动监测技术。

IMU 是一个由多个传感器构成的系统单元，一般包括三个单轴的加速度传感器和三个单轴的陀螺仪，某些 IMU 还包括三轴磁力计。加速度传感器用于检测被测物体在载体坐标系独立三轴的加速度信号，陀螺仪用于检测被测物相对于地理坐标系的角速度信号，磁力计测量磁倾角信号，并以此解算出被测物的姿态。

IMU 舞动监测系统获取输电线路舞动时的三轴角速度、三轴加速度以及磁倾角，通过姿态融合算法对测量装置进行姿态调整并滤除重力加速度，然后结合边界条件对加速度进行积分获得输电线路的三维舞动轨迹，同时结合无线传输技术和太阳能技术，实现了对输电线路舞动轨迹的实时监测。系统要解决的关键问题在于根据 IMU 监测单元的采集数据进行后续分析处理，经过一系列舞动轨迹还原算法得到输电线路上各被测点的位移时程，进而实现被测点高精度实时运动轨迹的还原，同时，为及时了解整体输电线路的舞动情况，一般在整条输电线路上按照一定的规则分布安装多个 IMU 监测单元。IMU 舞动监测系统架构示意图如图 7-7 所示。

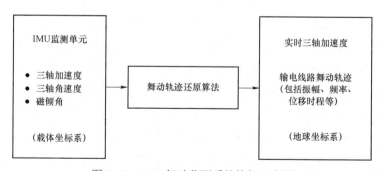

图 7-7　IMU 舞动监测系统构架示意图

7.4 基于 Φ-OTDR 传感技术的舞动监测技术

随着电压等级的提升,输电线路的距离越来越长,电力光纤的规模也越来越大。截至目前, 国家电网公司的电力光纤超过 140 万 km。基于拉曼散射的分布式温度传感技术（Distributed Temperature Sensing, DTS）、基于瑞利散射的相位敏感光时域反射（Phase Sensitive Optical Time Domain Reflectometry，Φ-OTDR）传感技术等全光纤测试技术的出现,改变了通信光缆单一的通信功能,使其进一步具有了测试功能。随着计算机技术、传感器技术的不断发展进步,对输电线路和光缆的监测技术有了进一步的发展。

作为光纤分布式传感技术的一种,基于瑞利散射的 Φ-OTDR 传感系统相对于其他分布式传感器而言,其仅对相位的动态相对变化敏感,从信号源头上避免了外界环境直流变化和缓变变化对传感信号的影响,从机理上特别适合于输电线路舞动等振动信号的测量,同时解决了温度交叉敏感的问题,具有较高的灵敏度。理论基础如下。

7.4.1 光纤散射

从分子理论的角度出发,当光入射到介质上时,介质中的电子会被光波中的能量激发而作受迫振动,进而产生相干次波。理论上,介质中分子密度的分布是均匀的, 相干次波叠加的过程也会按照几何光学规律进行;但实际上,任何物质都有特定的分子或原子结构,不存在绝对均匀的物质。如果介质不均匀结构的尺寸小于光波的波长尺度（10^{-7}m）,那么次波相干迭加会产生强度差别很大的次波源。这时除了有遵从几何光学规律传播的光线外,还有沿其他方向传播的光线,这些光线就是散射光。

分布式光纤传感机理主要是由光纤中的三种散射机制所决定的,包括布里渊散射、瑞利散射及拉曼散射,如图 7-8 所示。基于此,研究人员提出了基于不同散射机理的输电线路和电力光缆全光纤测试技术。如基于拉曼散射的分布式温度传感技术（Distributed Temperature Sensing, DTS）、基于瑞利散射的相位敏感光时域反射（Phase Sensitive Optical Time Domain Reflectometry，Φ-OTDR）传感技术、基于布里渊散射（B-OTDR）的光时域反射传感技术等，来监测输电线路和电力光缆的不同故障信息。

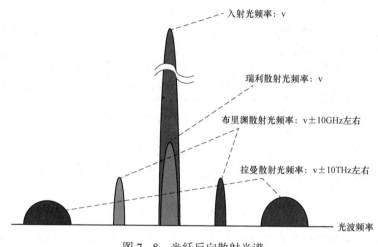

图 7-8　光纤反向散射光谱

7.4.2　瑞利散射

散射是光学现象中的一类，散射中的瑞利散射又称"分子散射"，在 1900 年，英国物理学家瑞利勋爵（Lord Rayleigh）发现了此种散射现象，并将此光学现象命名为瑞利散射。当一束光射入介质时，入射光与其中的微粒会发生弹性碰撞，由此产生瑞利散射。产生瑞利散射是有条件的，即微粒的直径与入射波波长相比，前者必须远小于后者，一般最大值约为波长的 1/10，即 1～300nm。瑞利散射光的光强与入射光波长的四次方成反比。

光在光纤中传输为什么会发生瑞利散射，究其根本，是因为传输介质折射率不均匀。而光纤拉制过程中的热扰动、光纤中含有的多种氧化物浓度不均匀等都是主要原因。

瑞利散射光的传播方向是向四面八方的，其中沿轴向向后的方向传播的散射光，称为瑞利后向散射（或背向散射）。后向散射示意图如图 7-9 所示。光纤后向瑞利散射光的能量非常微弱，大约只有入射光能量的十万分之一，同时后向瑞利散射光只改变光在光纤中的传输方向，不改变光在光纤中的传输频率以及偏振特性等。所以，在发生后向瑞利散射的位置处，散射光的频率和偏振方向与入射光的频率和偏振方向是完全相同的。当光纤受到振动而发生形变时，后向瑞利散射的光功率会发生改变，此时返回的瑞利散射光就可以作为一种检测信号。

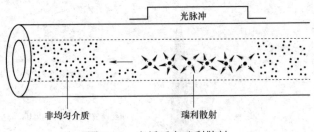

图 7-9　光纤后向瑞利散射

由式（7-12）可知，后向瑞利散射光的强度与入射光波长 λ 相关

$$I_R = \alpha_R I; \quad \alpha_R \propto \frac{1}{\lambda^4} \tag{7-12}$$

式中　α_R——瑞利散射损耗系数，dB/km；当入射光波长为 1550nm 时，瑞利散射损耗系数的值一般处在 0.12~0.15dB/km 的范围内。对于后向瑞利散射，散射光的光功率是对其进行探测的主要参量，其可表示如下

$$P(L) = S \cdot \frac{\alpha_R}{\alpha} P_0 e^{-2\alpha L}(1 - e^{-\alpha W}) \qquad L \geqslant \frac{W}{2}$$
$$P(L) = S \cdot \frac{\alpha_R}{\alpha} P_0 e^{-\alpha W}(1 - e^{-2\alpha L}) \quad 0 \leqslant L \leqslant \frac{W}{2} \tag{7-13}$$

式中　L——光纤长度；

S——俘获系数，$S = \left(\dfrac{NA}{n_0}\right)^2 \cdot \dfrac{1}{m}$ 为俘获系数（在单模光纤中 $m = 4.55$）；

α——光纤的总损耗系数；

W——光脉冲宽度；

P_0——入射光脉冲功率。

7.4.3　Φ-OTDR 传感技术

1. OTDR

OTDR（optical time domain reflectometry，光时域反射仪）是基于后向瑞利散射原理制成的测量仪器，使用 OTDR 可以比较方便地从光纤其中一端对其进行传感测量。OTDR 利用入射光在光纤中传输时产生的后向瑞利散射现象，向测试光纤中射入高功率、窄脉冲的激光，并在该入射端接收沿反方向返回的散射光功率，其基本结构如图 7-10 所示。入射光在沿光纤轴向传输时会发生瑞利散射，产生瑞利散射光。其中，大部分散射光会因折射效应而进入光纤包层并产生衰减现象，但是后向瑞利散射光比较特殊，它会沿着入射光反方向经由光纤回到激光的入射端。前面提到，当光纤受到振动而发生形变时，后向瑞利散射的光功率会发生改变，此时返回的瑞利散射光就可以作为一种检测信号。其光功率可以反映光纤的受力情况，而由入射端发射激光到接收后向瑞利散射光的这段时间长度，可以计算出受力点与激光入射端之间的距离。OTDR 就是通过对后向瑞利散射光功率和接收时间这两项数据的分析计算，最终实现对光纤振动监测和定位的。

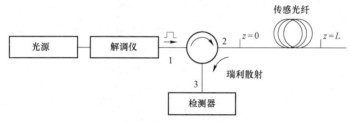

图 7-10　OTDR 基本结构

2. Φ-OTDR

Φ-OTDR（Phase Sensitive Optical Time Domain Reflectometry，相位敏感型光时域反射仪）与传统 OTDR 最大的不同就是采用了具有窄线宽和低频率漂移特性相干光源，相应极大地提高了空间分辨率（可达 1m）和振动强度分辨率。利用这种散射光的相干性设计出的相位敏感型光时域反射系统，光纤本身既是传输媒质又是感知元件，光纤上任意一点都是传感单元，是一种真正意义上的全光纤分布式传感器。当光缆某位置发生振动时，该位置的光纤会发生应力形变，从而导致该处折射率发生改变，最终导致该处光的相位发生改变。因此，返回的发生干涉的瑞利后向散射光光强因为相位的改变而发生改变，通过与未发生振动检测到的信号进行比较，最终找出光强变化的时间对应振动的确切位置。

同时，结合先进的解调算法，Φ-OTDR 测量信噪比和准确率都比传统 OTDR 高得多，传感距离长、实时性好，非常适合输电线路振动的监测。另外，Φ-OTDR 与传统型 OTDR 结合，应用于输电线路的监测，可实现单根光纤输电线路的振动、温度、应变等多种参量的同时监测，从而减轻输电线路不必要的重量，减少输电系统不必要的设备，实现输电线路减负及运维管理简便的目的，大幅增强电网感知的深度和广度，提升电网交互性、自动化和信息化。

如图 7-11 所示，基于瑞利后向散射的 Φ-OTDR，窄线宽激光器发出的激光，经过声光调制器（AOM）的脉冲调制，调制成重复频率为 f，脉宽为 W 的脉冲序列，经过光功率放大器的功率放大后，经过环形器注入到传感光纤，在前向脉冲光遍历传感光纤时，后向瑞利散射光逆着光传播方向经环形器进入到光纤干涉仪中，经过干涉仪的干涉调制，干涉信号经过光敏二极管（PD）的光电转换，进入到系统的解调仪，经过相应的解调算法，解调出传感光纤处的振动信息。

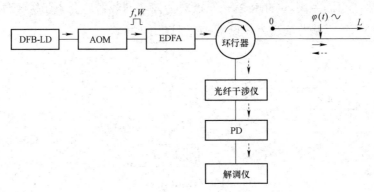

图 7-11　系统原理图

3. 调制解调

假设被测光纤长度为 L，则在光纤上任意点 z_0 处和端点 L 处的背向瑞利散射光强分别可以表示为：

$$E_1 = \int_0^{z_0} \varepsilon(t - 2z/v)\, r(z) \exp(-2i\beta z)\, \mathrm{d}z$$
$$E_2 = \int_{z_0}^{L} \varepsilon(t - 2z/v)\, r(z) \exp(-2i\beta z)\, \mathrm{d}z$$

（7-14）

式中　$\varepsilon(t)$——高相干光源在 t 时刻注入到被测光纤的光脉冲；

　　　v——光纤中的光速；

　　　β——光纤的传播常数；

L 处和 z_0 处的后向瑞利散射光形成干涉，因此探测器的探测的光强为

$$I(\phi,t) = |E(\phi,t)|^2 = |E_1(t)|^2 + |E_2(t)|^2 + 2|E_1(t)||E_2(t)|\cos(2\phi + \phi_0)$$ 　（7-15）

式中　φ_0——E_1 和 E_2 的相位差，解调出 φ_0，即可得到传感信息；

　　　φ——z_0 处和 $z=0$ 处之间的相位差。

式（7-15）中的相位 φ 可以通过干涉解调方法获取，本节主要利用 3×3 光纤耦合器的解调方案来获取 φ。

3×3 光纤耦合器是一种较成熟的干涉型光纤传感器信号的解调方案，因其具有测量范围大、便于判断方向、灵敏度高、易于全光纤化等优点，被广泛应用。相对于 PGC 解调方法而言，3×3 耦合器解调方法不需要载波信号调制，大大减少了系统的复杂性，3×3 耦合器解调方法用简单的自动增益电路（AGC）得到稳定的解调因子，大大增加了系统的稳定性。

图 7-12 为基于 M-Z 干涉仪的 3×3 耦合器解调方法示意图。

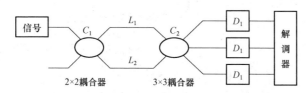

图 7-12　M-Z 干涉仪的 3×3 耦合器解调方法示意图

光源发出的光经过 2×2 耦合器构成的 M-Z 干涉仪后，进入 3×3 耦合器中，根据耦合波理论，假设一个偏振无关的无损耗的 3×3 耦合器，当输入电场强分别为 $E_{i,1}$、$E_{i,2}$、$E_{i,3}$ 时，对应的输出电场强分别为 $E_{0,1}$、$E_{0,2}$、$E_{0,3}$：

$$\begin{bmatrix} E_{0,1} \\ E_{0,2} \\ E_{0,3} \end{bmatrix} = \begin{bmatrix} f & c & c \\ c & f & c \\ c & c & f \end{bmatrix} \begin{bmatrix} E_{i,1} \\ E_{i,2} \\ E_{i,3} \end{bmatrix} \qquad (7-16)$$

式中，f 和 c 的表达式如下：

$$f = [\exp(i2k_cL) + 2\exp(-ik_cL)]/3$$
$$c = [\exp(i2k_cL) + 2\exp(-ik_cL)]/3 \qquad (7-17)$$

式中　k_c——3×3 耦合器的耦合系数；

　　　L——3×3 耦合器的耦合长度。

对于 3×3 耦合器而言，理想分光比应该为 1:1:1，因此，干涉型传感器的三个输出的传感信号的电场强度可以表达为：

$$I_k = A + B\cos[\varphi(t) + (k-2)2\pi/3] \qquad (7-18)$$

耦合相关的常数分别为 A，B。三个输出光强的相位差为 $120°$，其中 $\varphi(t)$ 是传感器的相位信号（信号臂和传感臂的相位差）。在 3×3 耦合器的末端采用完全相同的 APD（Avalanche Photodiode），在任何时刻每一路信号之间探测的干涉光强信号都存在相位差 120°。能够把 $\varphi(t)$ 信号解调出来就是利用了这三个输出光强的相位差互成 120°，这就是对称解调方法。图 7-13 为 3×3 耦合器解调方法原理图。

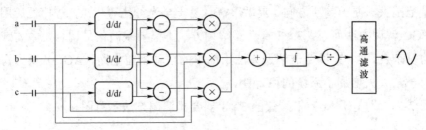

图 7-13　3×3 耦合器解调原理

但该方法需要有三个前提，分别为：三个输出光强的相位差为 2/3π；三路输出信号交流系数相等；三路输出信号直流量相等。

在图 7-13 中，待测信号的相关信息通过基于 3×3 耦合器的解调方法处理后便可以获得，下面推导 3×3 耦合器的解调方法的数学表达式，并进行相关分析。

对去直流后的三路信号 a、b、c 可表示为：

$$
\begin{aligned}
a &= I_0 \cos[\varphi(t)] \\
b &= I_0 \cos[\varphi(t) - 2\pi/3] \\
c &= I_0 \cos[\varphi(t) - 4\pi/3]
\end{aligned} \tag{7-19}
$$

对 a、b、c 分别进行完全相同的微分处理，得到 d、e、f：

$$
\begin{aligned}
d &= -I_0 \dot{\varphi}(t) \sin[\varphi(t)] \\
e &= -I_0 \dot{\varphi}(t) \sin[\varphi(t) - 2\pi/3] \\
f &= -I_0 \dot{\varphi}(t) \sin[\varphi(t) - 4\pi/3]
\end{aligned} \tag{7-20}
$$

然后再 a、b、c 分别与 e、f，f、d，d、e 之间的差进行乘法运算，可得：

$$
\begin{aligned}
a(e-f) &= \sqrt{3}I_0^2 \dot{\varphi}(t) \cos^2 \varphi(t) \\
b(f-d) &= \sqrt{3}I_0^2 \dot{\varphi}(t) \cos^2[\varphi(t) - 2\pi/3] \\
c(d-e) &= \sqrt{3}I_0^2 \dot{\varphi}(t) \cos^2[\varphi(t) - 4\pi/3]
\end{aligned} \tag{7-21}
$$

把 $a(e-f)$、$b(f-d)$、$c(d-e)$ 相加，得到：

$$
N = a(e-f) + b(f-d) + c(d-e) = \frac{3\sqrt{3}}{2} I_0^2 \dot{\varphi}(t) \tag{7-22}
$$

在实际环境当中，光源强度波动及偏振态变化会使 I_0 的值发生变化，为了消

除 I_0 带来的影响，先把 3 个输入信号进行平方处理，可得：

$$M = a^2 + b^2 + c^2 = \frac{3}{2}I_0^2 \qquad (7-23)$$

再用 N 除以 M 消去 I_0^2，得：

$$P = N/M = \sqrt{3}\varphi(t) \qquad (7-24)$$

经积分运算后输出得：

$$V_{\text{out}} = \sqrt{3}\varphi(t) = \sqrt{3}[\phi(t) + \psi(t)] \qquad (7-25)$$

普遍 $\psi(t)$ 当做慢变化量，经过高通滤波器来滤除这个慢变化量，从而解调出来待测的信号 $\Phi(t)$。

在此解调过程中，直流光强 D 是利用了下面的三角函数关系消掉了，即：

$$\sum_{k=1}^{3}\cos\left[\varphi(t) - (k-1)\times\frac{2\pi}{3}\right] = 0 \qquad (7-26)$$

7.5　其他舞动监测技术

随着技术的进步，不断有新的舞动监测技术被提出，本节将介绍一些文献中的研究成果或实验室成果，包括基于 GPS-RTK 技术的输电线路舞动监测技术、基于角度信息的舞动监测技术等。另外，由于舞动监测装置的安装数量相对有限，工程中常会出现：因输电线路没有安装舞动监测装置，需要基于简易设备开展舞动观测的情况。因此，本章还将介绍简单观测法、摄像仪法和经纬仪法等常用的舞动观测方法。

7.5.1　基于 GPS-RTK 技术的输电线路舞动监测技术

GPS-RTK 技术可以实现空间位置的精确定位，使用此技术可以实时监测固定于输电线路上的多个移动站的位置，以此实现对输电线路舞动情况的监测。

GPS（Global Positioning System，全球定位系统）是一种高精度卫星定位导航系统，它包括三大部分：GPS 空间卫星星座、地面监控系统和用户设备（GPS 信号接收机）。差分 GPS（Differential Global Positioning System，DGPS）是利用基准

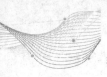

站已知精密坐标，计算出基准站到卫星的距离改正数，并由基准站实时地将这一改正数发送出去。用户接收机（移动站）在进行 GPS 观测的同时，利用接收到的基准站的改正数，对其定位结果进行改正，从而提高定位精度。差分 GPS 定位分为三类，即：位置差分、伪距差分和载波相位差分，其中载波相位差分技术又称为 RTK 技术（Real Time Kinematic），是建立在实时处理两个测站的载波相位基础上。它的动态定位精度最高，达到 cm 级。

基于 GPS-RTK 技术的舞动监测原理，即是将 GPS 装置安装在输电线路上，使用 RTK 差分技术实时监测安装点的运动轨迹和频率；基于多个安装点的运动轨迹和频率，可以监测一档或一段输电线路的舞动情况。

7.5.2　基于角度信息的舞动监测技术

本章中提到的基于加速度传感器、IMU、分布式光纤传感等线路舞动监测技术都是通过测量线路上某些关键位置的位移轨迹信息，实现线路舞动监测。本节将介绍一种基于倾角传感器、结合插值算法的输电线路舞动曲线重建技术—基于角度信息的舞动监测技术，主要包括基本原理、实现方案及应用实例三部分。

架空输电线路两杆塔之间的线路无论是处于舞动还是静止，在某时刻都可以视为一条在三维空间中的静态曲线，通过对输电线路上准分布式角度信息进行测量，结合角度测点相对于某一确定点的弧长，使用插值的方式，可以得到这条曲线的方程。通过对不同时刻的曲线进行分析，就可以得到需要的阶次、频率和振幅信息。

这条曲线可以认为是正则曲线（导数连续且处处不为零），即为 $\varphi\,(x, y, z)$。曲线方程可以转化为参数方程 $\varphi\,(t) = (x(t), y(t), z(t))$，曲线上任一点到一确定点 $\varphi\,(t_0)$ 的弧长 $s\,(t)$ 可以表示为：

$$s\,(t) = \int_{t_0}^{t} |\varphi'(t)|\ \mathrm{d}t \qquad (7-27)$$

对这条曲线进行弧长参数化，可以表示为：$\varphi\,(s) = (x(s), y(s), z(s))$。

实际的输电线路舞动主要分为扭转振动和垂直水平面方向的振动，因扭转和垂直振动之间的耦合非常复杂，先不考虑扭转，那么舞动曲线可以视为一平面曲线，曲线表示为 $\varphi\,(s) = (x\,(s), y\,(s))$。曲线上某点处的倾角 $\alpha\,(s)$ 即为 x 轴（水平轴）与在该点处曲线正切向量的夹角，如图 7-14 所示。

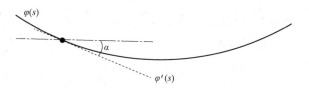

图 7-14　曲线与其倾角的关系示意图

曲线的参数方程可以表示为：

$$\begin{cases} \varphi'(s) = \left(x'(s) = \cos\left(\alpha(s)\right), y'(s) = \sin\left(\alpha(s)\right) \right) \\ \varphi(s) = \left(x(s) = \int\cos\left(\alpha(s)\right), y(s) = \int\sin\left(\alpha(s)\right) \right) \end{cases}$$ （7-28）

在弧长和曲线上其他各点倾角的约束下，此曲线方程具有唯一性。

7.5.3　简易观测法

简易观测法是在没有任何摄像设备、测量设备的情况下粗略估算输电线路舞动振幅的方法，准确度较低。

在离输电线路一定远处观测人员正对着线路，根据半波数确定出的振幅波腹的位置伸直手臂，用两指夹住笔杆，使笔杆成垂直状态，用一只眼睛观测，使笔杆上端与波腹点处的舞动上限点重合，保持笔杆不动，记下与该波腹点的舞动下限点与笔杆相交的位置，此两点间的距离即反映了舞动的峰—峰值；采用相同的方法在同样远的距离处测量一个已知尺寸的参照物，根据比例关系估算出舞动幅值。观测原理如图 7-15 所示。

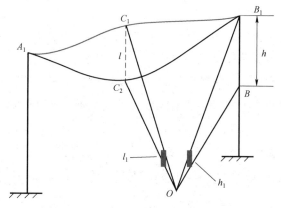

图 7-15　简易观测法观测原理示意图

由于铅笔距眼睛的距离保持不变，且波腹点和参照物杆塔距离眼睛的距离相近，可以近似认为三角形 OC_1C_2 与三角形 OBB_1 相似。因此，图 7－15 中标出的各个长度间存在如下函数关系：

$$\frac{l_1}{h_1} = \frac{l}{h} \qquad\qquad (7-29)$$

根据上式可以粗略地估计出舞动的振幅幅值为：

$$l = \frac{hl_1}{h_1} \qquad\qquad (7-30)$$

利用该方法测量舞动振幅时必须使铅笔成垂直状态，保证铅笔距眼睛的距离不变，尽量使观测人员站在档距的中间以保证所观测的振幅和参照物杆塔距离眼睛的距离比较接近。在测量的过程中可以通过保持手臂始终处于伸直的状态保证铅笔与眼睛的距离保持不变。在没有铅笔的情况下可以用其他类似物品代替。这种方法的测量结果准确度较低，只是在没有其他专用仪器的情况下粗略的估计输电线路舞动振幅。

7.5.4　摄像仪简单观测法

摄像仪简单观测法观测舞动就是利用摄像仪对舞动情况进行拍摄，通过回放获取的录像资料来分析输电线路舞动的特征信息，可以用于舞动的振型（阶次）、频率和振幅的观测。摄像仪法与基于单目测量的舞动监测技术相似，准确度更低一些，但在数据处理方式上更为简单，适用于在缺少必要设备时进行临时监测。

观测舞动的阶次时，数出该档距内被观测线路上的波节点个数，再加 1，即是该档距内被观测输电线路舞动的阶次。

观测舞动的频率时，将拍摄到的舞动录像资料按正常速度回放，用秒表记录发生几个周期的舞动所需的时间，然后除以舞动的周数，可以得到舞动的周期。对舞动的周期取倒数，即可得到舞动的频率。

观测舞动的振幅时，通过回放舞动录像资料，得到图像上输电线路舞动的振幅，并根据事先得出的图像尺寸和实际尺寸的对应关系，得出实际的舞动振幅。

7.5.5　经纬仪观测法

经纬仪是一种常用的测角仪器，它主要由望远镜、水平度盘、竖直度盘、水准器、基座等组成，可以实现对目标物体水平角及竖直角测量，由于它测量角度的精确性，可以将其用于输电线路舞动振幅的观测。

由于舞动的频率比较低，加之输电线路在舞动到高和低位置时速度比较慢，用经纬仪测量技术，可以较为精确地捕捉到舞动波腹点的高和低位置，实现对输电线路舞动振幅的监测。经纬仪法舞动振幅监测原理如图 7–16 所示。图中 O 点为观测站点位置；A_1、B_1 为输电线路悬挂位置，A、B 为它们在地面的投影；C_1、C_2 为波腹点的波峰波谷位置，C 为它们在地面上的投影；α_1、α_2 为波腹点的波谷波峰位置对应的竖直角；β 为经纬仪从 A_1 点转到 C_1 点过程中水平角的变化量；a 为 OA 之间的距离，b 为 OB 之间的距离，c 为 AB 之间的距离。C_1C_2 之间的长度即为输电线路舞动振幅。

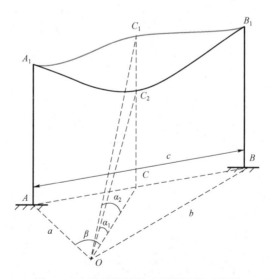

图 7–16　经纬仪法舞动振幅监测示意图

用经纬仪测得角 α_1、α_2 和 β，用卷尺测得长度 a、b 和 c，设舞动振幅 C_1C_2 为 x，可以得到以下方程组：

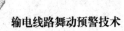

$$
\begin{cases}
\dfrac{|OC|}{\sin \angle OAB} = \dfrac{|AC|}{\sin \beta} = \dfrac{a}{\sin \angle ACO} \\[2mm]
\cos \angle OAB = \dfrac{a^2 + c^2 - b^2}{2ac} \\[2mm]
\angle ACO + \angle OAB + \beta = \pi \\[2mm]
x = |OC| \cdot (\tan \alpha_2 - \tan \alpha_1)
\end{cases}
\tag{7-31}
$$

式中所有的参数都为正数，以此可以解得舞动振幅 x。

第8章 输电线路舞动预警系统实践

本章通过对架空输电线路特点、生产特点、用户群体、行业组织方式等分析和研究，结合精细化数值预报数据和信息技术，开展架空输电线路覆冰舞动预测预警系统研究及示范应用。

8.1 系 统 方 案

通过对输电线路舞动时的气象变化特点及舞动案例分析，提出舞动发生的指标及判据，结合地形、风向要素修订，建立气象地理模型；结合气象地理模型和舞动案例，利用神经元 SOM 网络模型绘制输电线路舞动分布图，并基于 WebGIS 和切片地图技术搭建舞动预警信息服务平台。

1. 软、硬件方案

研究精细化数值预报技术和预测数据结构，设计数据存取方案，分析精细化数值预报数据与架空输电线路关联关系，构建架空输电线路覆冰舞动预测预警系统软件应用方案。结合应用数据分析、网络安全要求、网络架构，制订架空输电线路覆冰舞动预测预警系统配套的硬件设计方案。

2. 信息通信与交互技术

对气象数值预报系统、地理信息数据和架空输电线路台账信息的数据源、数据格式、数据时效性进行综合分析。研究确定架空输电线路覆冰舞动预测预警系统与其他支持系统的信息通信方式、网络架构设计和数据交互技术。

3. 预警系统软件开发

综合分析应用场景、用户群体、功能需求和性能要求等因素，开展系统详细功能设计和数据库设计，编制系统软件逻辑架构设计方案，完成系统编码、测试、调试等工作。

4. 预警系统示范应用

选取受覆冰舞动灾害影响较为明显的网省公司（河南、山东、辽宁），开展架空输电线路覆冰舞动预测预警系统试应用，并根据示范应用情况和用户反馈信息，对预测模型和系统功能进行调整和完善。

8.2 系 统 设 计

根据软件系统设计思路与开发流程，在听取示范应用单位的需求意见和建议的基础上，开展基于数值预报模式的架空输电线路覆冰舞动预测预警系统软件方案、硬件方案、信息通信、交互方案和信息安全防护等方面的设计工作；根据系统设计，同时开展系统框架搭建、基础功能开发和覆冰舞动预测模型研究工作，然后开展系统联调、功能完善和示范应用工作，并根据系统应用和反馈情况不断对系统进行完善。

基于数值预报模式的架空输电线路覆冰舞动预测预警系统如图8-1所示。

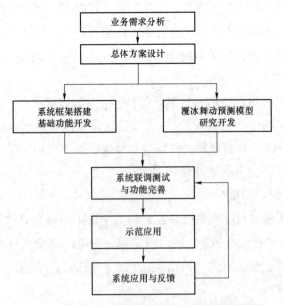

图 8-1 架空输电线路覆冰舞动预测预警系统图

8.2.1 设计原则

1. 可扩展性

考虑到系统本身的复杂性和长期性，在设计时要充分考虑该系统的可扩展性：一方面，在系统应用过程中，系统功能会随着不断变化的生产需求而调整；另一方面，随着业务范围的不断扩展，会有新的系统关联进来。因此必须充分考虑系统接口、存储容量和性能的要求。

2. 技术先进性

计算机技术的发展非常迅速，必须认识到，系统的完善和提高是一个长期的、动态的过程，必须随着实际情况的变化进行完善、更新和调整。因此，系统设计要有一定的前瞻性，需选用先进的数据通信技术、网络技术、软件开发技术。

3. 开放性

现代计算机技术发展的趋势是遵循国际统一标准的开放系统。该系统应该是一个能够互联不同厂商的服务器，能支持多种网络协议，兼容多种厂商的网络产品，遵守国际标准的开放式系统。这样才能在未来的发展中保持网络配置和应用模式的开放性和兼容性。

4. 安全性

通过网络架构设计、应用架构设计、系统配置、数据库安全设计等多重手段，保证系统的安全可靠，无任何风险漏洞。

5. 实用性

系统设计必须以用户需求为目标，以方便用户使用为原则，同时融入先进的管理经验，度身订造一套先进的系统，并且要尽可能降低系统使用前的培训投入和使用中的维护投入。

6. 可维护性

系统硬件、软件应具有良好的可维护性，在系统管理中提供对主要参数的设置，对系统资源和服务进行管理和监控，以及对系统提供的服务进行实时监控、记录、告警、维护等手段。

本示范项目参考的主要标准规范及文件包括：

DL/T 5158—2012 《电力工程气象勘测技术规程》

Q/GDW 1202—2008 　《国家电网公司应急指挥中心建设规范》

Q/GDW 243—2010 　《输电线路气象监测装置技术规范》

GB/T 27956—2011 　《中期天气预报》

GB/T 27962—2011 　《气象灾害预警信号图标》

GB/T 27965—2011 　《应急气象服务工作流程》

GB/T 27966—2011 　《灾害性天气预报警报指南》

GB/T 28594—2012 　《临近天气预报》

《关于提高电网气象防灾减灾能力的合作框架协议》

电监安全〔2006〕29号文　《关于进一步加强电力应急管理工作的意见》

国发〔2008〕20号文　《关于加强电力系统抗灾能力建设的若干意见》

GA/T 75—1994《安全防范工程程序与要求》

电监安全〔2006〕34号　《电力二次系统安全防护总体方案》

8.2.2　软件设计方案

输电线路覆冰舞动预测预警系统软件设计主要解决的是海量数值预报数据和设备数据存储问题、大计算量的输电线路舞动预警模型逻辑计算和复杂逻辑服务划分、美观易用满足需求的功能应用等三个问题。从软件设计角度来看，软件设计方案主要包含系统逻辑架构、系统应用架构和软件环境设计等内容。

1. 逻辑架构

逻辑架构主要解决系统研发逻辑层面上对系统功能逻辑进行合理划分，尽可能层次清晰、高内聚、低耦合，让程序在开发上更加清晰明确、易复用、降低逻辑复杂程度、提高代码品质和易维护性。通过相应接口获取精细化气象数值预报数据、架空输电线路设备台账信息、设备地理坐标、历史舞动记录等信息，对这些数据进行有效、科学、安全的本地化存储；通过对架空输电线路舞动预警预测模型、数据伺服服务、数据图形化服务等一系列逻辑计算服务的运算，实现对架空输电线路覆冰舞动预测预警、信息查询、信息发布、GIS展示等界面功能的支撑。在界面功能上主要根据电网用户需求、输电线路舞动预测预警服务设想，开发易用、可用、好用的系统功能。

架空输电线路覆冰舞动预测预警系统总体框架设计如图8-2所示。

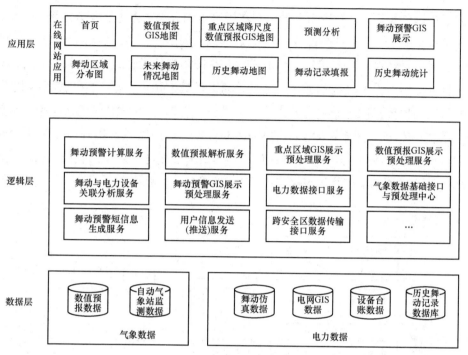

图 8-2　系统逻辑框图

数据层：考虑到所包括的数值气象预报数据、设备台账数据、GIS 数据、气象预测报告等数据的特点，以及不同类型的数据库的特点，在设计时采用数值关系数据库、文档数据库和分布式列存数据库等凡是存储相关的气象数据和电力数据，其中气象数据主要包括数值预报数据、自动气象站监测数据，电力数据包括电网 GIS 数据、设备台账数据、舞动仿真数据、历史舞动记录数据库。

逻辑层：通过一系列服务和分析模型对数据和业务逻辑进行分析处理，得到系统最终应用所需的信息，其主要包括舞动预警计算服务、数值预报解析服务、重点区域 GIS 展示与处理服务、数值预报 GIS 展示与处理服务、舞动与电力设备关联分析服务、舞动预警 GIS 展示与处理服务、电力数据接口服务、气象数据基础接口与预处理服务、舞动预警短信息生成服务、用户短信息发送服务、跨安全区数据传输接口服务等。

应用层：通过直观的展示方式、友好的交互界面、灵活的访问方式和丰富的信息资源，充分满足电力生产应用需求。为了满足平台无关性和系统可移植性的要求，应用系统基于 B/S 服务界面，使用 J2EE 框架开发，使用 FLEX 开发用户界面。

2. 应用架构

架空输电线路覆冰舞动预测预警系统数据所采用的精细化气象数值预报数据

来源于中国气象局，系统应用主要分布在国家电网公司内网办公区，系统应用单位包括河南、山东、辽宁三个省份，根据以上项目应用特点，在兼顾用户易用性的基础上，考虑系统在实施和运行维护成本，系统应用架构设计采用"主站集中部署、子站反馈应用"方式进行部署，中国气象局提供数值预报数据、降尺度预报数据、常规气象预报数据通过专线的方式传入电力公司内网，架空输电线路覆冰舞动预测预警系统整体运行于国家电网公司内网，通过 Web 应用服务器集群实现信息发布。各试点单位通过 Web 实现覆冰舞动预测预警数据发布与信息反馈。架空输电线路覆冰舞动预测预警系统总体应用架构示意图如图 8-3 所示。

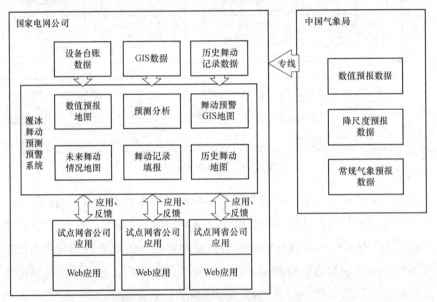

图 8-3　总体应用架构示意图

3. 软件环境

为实现架空输电线路覆冰舞动预测预警系统的相关功能，综合考量各类软件开发工具，确定本系统开发工具与部署环境选型上主要采用如下数据库、开发软件工具和美化展示插件：Oracle10g 及以上版本，Hadoop，Java1.7，Flash17，BigDataSQL。

采用 Java 开发语言。它是 Sun Microsystems 公司于 1995 年 5 月推出的 Java 程序设计语言和 Java 平台的总称。

采用 Oracle11G 作为关系数据和统计数据库。ORACLE 是甲骨文公司的一款关系数据库管理系统。在数据库领域一直处于领先地位，是目前世界上流行的关系数据库管理系统，可移植性好、使用方便、功能强，适用于各类大、中、小、微机

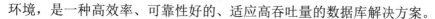

环境，是一种高效率、可靠性好的、适应高吞吐量的数据库解决方案。

采用 SSH 技术作为系统的解决方案，使系统具有更好的可扩展性。SSH 在 J2EE 项目中表示了 3 种框架，即 Spring＋Struts＋Hibernate。

采用 Tomcat7.0 作为系统的应用服务器。Tomcat 服务器是一个免费的开放源代码的 Web 应用服务器，属于轻量级应用服务器，在中小型系统和并发访问用户不是很多的场合下被普遍使用，是开发和调试 JSP 程序的首选。

采用 ArcGIS＋Flash 作为系统展示组件。ArcGIS 产品线为用户提供一个可伸缩的、全面的 GIS 平台。ArcObjects 包含了大量的可编程组件，从细粒度的对象（例如单个的几何对象）到粗粒度的对象（例如与现有 ArcMap 文档交互的地图对象），涉及面极广，这些对象为开发者集成了全面的 GIS 功能。每一个使用 ArcObjects 建成的 ArcGIS 产品都为开发者提供了一个应用开发的容器，包括桌面 GIS（ArcGIS Desktop），嵌入式 GIS（ArcGIS Engine）以及服务 GIS（ArcGIS Server）。

使用 Hadoop 分布式系统基础架构。Hadoop 是一个由 Apache 基金会所开发的分布式系统基础架构。用户可以在不了解分布式底层细节的情况下，开发分布式程序。充分利用集群的威力进行高速运算和存储。Hadoop 框架最核心的设计就是：HDFS 和 MapReduce，HDFS 为海量的数据提供了存储，MapReduce 为海量的数据提供了计算。

针对海量数值预报数据查询检索采用甲骨文 BigDataSQL。甲骨文 BigDataSQL 支持使用 Oracle SQL 访问 Oracle Database、Apache Hadoop、Apache Kafka、NoSQL 和许多其他数据源中的数据，通过 Oracle BigData SQL 能对所有数据进行快速、安全的 SQL 查询分析，打通结构化数据和非结构化数据的楚河汉界。甲骨文 BigDataSQL 有如下几个特点：跨 Oracle 数据库、Hadoop 和 NoSQL 数据源无缝查询数据，支持 Hadoop 的 Cloudera 企业和 Hortonworks 发行版，使用 Oracle SQL 的强大功能来分析所有数据，将 Oracle 数据库安全性扩展到 Hadoop 和 NoSQL。

8.2.3 硬件设计方案

综合考量架空输电线路覆冰舞动预测预警系统所涉及的内、外网系统和单位特点，在兼顾用户易用性和安全性的基础上，考虑系统实施和运行维护成本，系统的硬件设计方案主要包含网络拓扑结构和设备配置两个方面的内容。

1. 网络拓扑结构

图 8-4 所示为架空输电线路覆冰舞动预测预警系统的网络拓扑。气象部门将

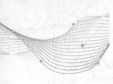

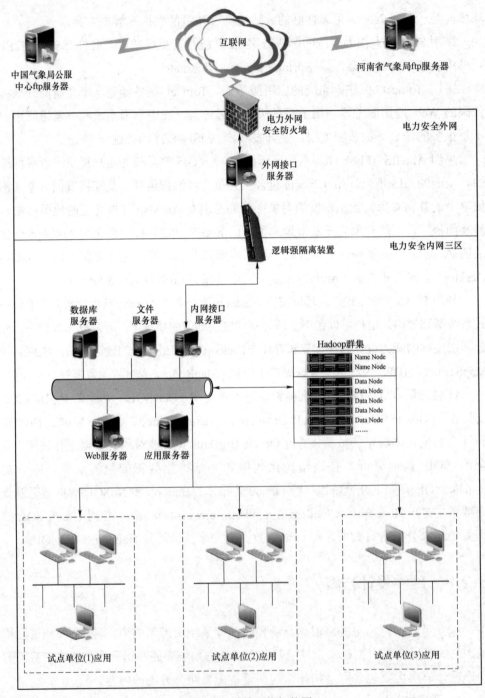

图 8-4　系统网络拓扑图

对气象预报系统开放专门的数据传输 FTP 接口，实时发布数值预报数据、重点区域降尺度数据、自动站监测数据等气象数据。气象预警系统通过接口服务器中转和逻辑强隔离装置将气象数据传输至电力内网接口服务器，结合设备台账数据、GIS 数据、舞动仿真数据、历史舞动记录数据进行必要的解析和处理，开展架空输电线路舞动预测预警系统应用。各试点网省公司通过访问气象预报系统实现 Web 应用和信息反馈。

2. 设备配置

以架空输电线路覆冰舞动预测预警系统网络拓扑架构设计为基础，综合考量应用需求、未来三年数据存储和计算需求和现有硬件资源，最终确定硬件配置方案，如表 8-1 所示。

表 8-1   设 备 配 置 一 览 表

序号	名称	型号	配置参数	数量	单位	部署
1	数据库服务器	X3850X6	4×E7-4830 2.13GHz/18M，128GB 内存，M5015 Raid 卡，8×1TB 硬盘，集成双千兆网卡，双口万兆以太网，DVD，冗余电源，三年 7×24 有限保修	2	台	部署 Oracle 关系数据库
2	WEB 服务器	X3850X6	2×E7-4830 2.13GHz/18M，64GB 内存，M5015 Raid 卡，8×1TB 硬盘，集成双千兆网卡，2×双口万兆以太网，DVD，冗余电源，三年 7×24 有限保修	1	台	部署 Tomcat、Web 系统、模型计算服务和应用程序
3	接口服务器	X3850X6	2×E7-4830 2.13GHz/18M，64GB 内存，M5015 Raid 卡，8×1TB 硬盘，集成双千兆网卡，2×双口万兆以太网，DVD，冗余电源，三年 7×24 有限保修	2	台	部署数据下载接收程序、中转数据库
4	甲骨文大数据一体机	Oracle BDA	2 路 22 核 CPU，内存 256GB，硬盘 96TB	6	台	部署 Hadoop 分布式集群和 BigDataSQL 应用

8.2.4　信息通信与交互设计

架空输电线路覆冰舞动预测预警系统信息流主要包括气象信息、GIS 信息、设备台账信息、预测预警信息、舞动现场反馈信息等。信息通信与交互流程如图 8-5 所示。

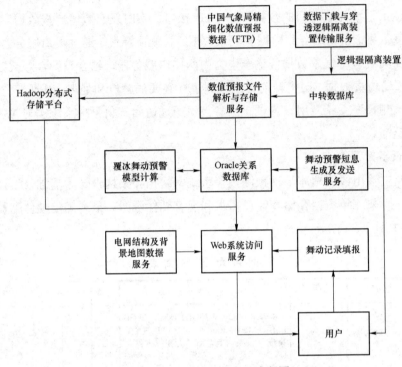

图 8-5　信息通信与交互流程图

1. 精细化气象数值预报数据

气象部门进行定制开发与生成，通过部署于互联网通信公网的专用数据 FTP 接口定时发布精细化气象数值预报数据文件。数据文件分为 NC 格式和特定格式的 TXT 文件格式两种类型。前者文件类型广泛应用于气象专业和设计建模方面，后者文件类型适应性和通用性强，便于气象参数扩展。

针对山东和辽宁两省全省范围提供的为未来 72h 3×3km 逐小时精细化气象数值预报数据。针对河南省舞动重点区域提供的未来 72h 1×1km 逐小时精细化气象数值预报数据，覆盖河南全省范围的精细化气象数据值预报数据为未来 72h 9×9km 逐小时预报数据。

2. 数据下载与穿透逻辑隔离装置传输服务

系统开发气象数据下载服务，通过访问气象部门 FTP 接口获取精细化气象数值预报数据文件；通过开发专门穿透逻辑强隔离装置的软件程序，将精细化气象数值预报数据文件传送至中转数据库中。根据国家电网公司电力通信网络相关安全规定，互联网与办公网络必须进行隔离。逻辑强隔离装置是符合国网公司电力通信网

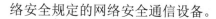

络安全规定的网络安全通信设备。

1）中转数据库：中转数据库是通过网络安全设定并且符合逻辑强隔离装置通信要求的数据库软件，用于暂时存储精细化气象数值预报数据文件。

2）数值预报解析与存储服务：从中转数据库中读取精细化数值预报数据文件，然后依据气象部门发布的数据解析格式说明进行精细化气象数值预报文件格式解析，将解析后的气象数据同时写入 Oracle 数据库和 Hadoop 分布式存储平台。

3）Hadoop 分布式存储平台：Hadoop 是一个由 Apache 基金会所开发的分布式系统基础架构，充分利用集群的能力进行快速和海量存储。系统采用 Hadoop 分布式存储平台 HBase 数据库进行海量气象数值预报解析后数据的长时间安全存储。采用 Hadoop 分布式存储平台的 HDFS 进行大数据容量的精细化气象数据预报文件的长时间安全存储。通过甲骨文 BigDataSQL 技术并为前台 Web 系统提供细颗粒原始数据访问服务。

4）Oracle 关系数据库：Oracle 是甲骨文公司的一款关系数据库管理系统。在数据库领域一直处于领先地位。本系统中 Oracle 数据库主要存储了系统的权限数据、配置数据、过程数据、电网统计数据和短时间段原始数据等数据资源，并提供 BigDataSQL 访问服务，Oracle 数据库直接为 Web 系统访问服务、舞动预警模型计算服务、舞动预警短信生成与发送服务提供数据资源访问服务。

5）覆冰舞动预警模型计算服务：覆冰舞动预警模型计算服务主要是，实现覆冰舞动预警模型的计算机化程序，并为覆冰舞动预警模型提供模型自动智能启动、输入数据准备与容错、输出结果存储等工作，是一套安全稳定运行的覆冰舞动预警模型计算服务软件程序。

6）舞动预警短信息生成与发送服务：舞动预警短信生成实时侦测舞动预警数据生成情况，然后根据用户订阅的电压等级、预警等级、地区区域等信息生成舞动预警短信，将相关数据存储到 Oracle 关系数据库内的同时，根据用户订阅信息以及系统设定的短信息发送规则将预警信息发送至移动通信短信网络，并最终传送至用户手机上。

7）电网结构及背景地图数据服务：本服务程序主要是提供电网结构 GIS 地图访问服务、行政区域背景 GIS 地图访问服务和电网设备坐标数据的访问服务。

8）Web 系统访问服务：系统主要采用 Web 形式提供访问服务，用户通过客户端机器上安装的浏览器进行系统访问。通过系统可以浏览、查询数值预报数据、舞动预警数据、统计分析数据、历史舞动记录、舞动区域分布图等信息，系统的展现

方式包括了交互式地图、交互式查询列表、交互式图表等。

9）舞动记录填报：舞动记录填报服务主要是方便用户在观测到舞动事件及时反馈舞动信息。由于目前在工程层面上大范围监测舞动事件尚未实现，提供舞动事件反馈服务有利于舞动预警模型的验证和优化。

8.2.5 信息安全防护

架空输电线路覆冰舞动预测预警系统主要运行在电力部门安全内网办公区，从气象部门通过专线单向获取气象数据，考虑到国家电网公司相关信息系统安全需求，本系统分别从主机系统、应用安全、边界安全等层次上进行安全防护设计，实现纵深防御。

1. 主机系统安全

（1）对主机操作系统进行加固，并设置身份认证措施，制定用户安全访问策略。

（2）重要主机加装主动防御模块，启用病毒监测、登录审核、入侵记录监测，全面实现数据层面的安全审计。

（3）数据库采用定时备份策略，保障数据存储安全。

2. 应用安全

（1）在主站端，采用数据中心防火墙装置，保障数据安全。

（2）设置客户端访问控制策略，获得授权的电力内网客户端才可以访问服务器。

3. 边界安全

边界安全防护建设包括主站系统与其他系统的边界防护，以及与信息外网之间的边界防护。

（1）主站系统与信息外网之间的数据交互通过物理强隔离装置进行，保障信息安全。

（2）主站系统与 GIS、PMS 等系统进行数据交互，如有涉及跨区访问，需遵循二次系统安全防护要求，通过物理隔离装置进行访问，保障数据传输安全。

（3）采用防火墙进行访问控制，采用入侵监测系统进行入侵防护，部署非法外联系统防御隐性边界。

8.3　示　范　建　设

架空输电线路覆冰舞动预测预警系统主要包括系统功能菜单、气象 GIS 地图展示、未来三天全国温度、风速、雨量及舞动时次预测统计等功能。

架空输电线路覆冰舞动预测预警系统框架如图 8-6 所示。

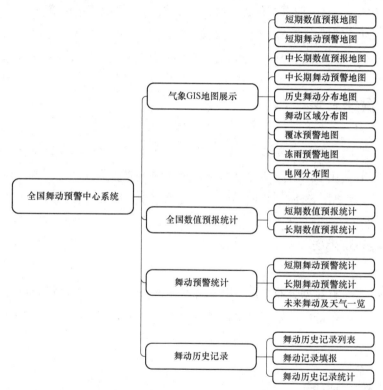

图 8-6　架空输电线路覆冰舞动预测预警系统框架

8.3.1　数值预报结果

数值预报结果分为短期数值预报（未来 7 天，逐小时预报）和中长期数值预报（未来 60 天，逐天预报），预测要素包括温度、风速、湿度、雨量、冻雨（短期预报）等信息，均以 GIS 地图的形式加以展示。

1. 短期数值预报

主要为未来七天（前三天逐小时、后四天逐三小时）的温度、风速、湿度、雨量等短期数值预报数据分布情况，并以不同的颜色直观地标识参数的数量级。短期数值预报还包括了 10m、50m、70m 等不同层高的数据情况，用户可具体根据需求查看相应层高数据。亦可通过调整时刻指向、选择日期等操作来查看不同时间的天气情况。

2. 中长期数值预报

全国未来 60 天（逐天）的温度、风速、湿度、雨量等中长期数值预报数据分布情况，并以不同的颜色直观地标识参数的数量级。用户亦可通过选择日期等操作来查看不同时间的天气情况，也可以利用播放功能对天气过程进行播放操作。

8.3.2　覆冰预警

未来短期覆冰数据分布情况，标识覆冰厚度等级。用户可通过选择日期、点击时标等操作来查看不同时间的覆冰情况，亦可以与数值预报图层、舞区图、电网图层等图层进行叠加，更加直观地辅助判断覆冰情况。

8.3.3　冻雨预警

未来短期冻雨数据分布情况。用户可通过选择日期、点击时标等操作来查看不同时间的冻雨分布情况，亦可以与数值预报图层、舞区图、电网图层进行叠加，更加直观地查看和辅助判断冻雨情况。

8.3.4　舞动预警

利用舞动预警模型，对相关气象要素和输电线路参数进行综合计算，分别得到短期和中长期舞动预警信息，服务于电网生产。

1. 短期舞动预警

实现未来七天舞动预警数据分布情况预测，并标识舞动预警等级。用户可通过选择日期、点击预警时标等操作来查看不同时间的舞动预警情况，亦可以与数值预报图层、舞区图、电网图层进行叠加，更加直观地辅助判断舞动预警情况。

2. 中长期舞动预警

实现未来 60 天的舞动预警数据分布情况预测，用户可通过选择日期来查看不同时间的舞动分布情况，亦可以与数值预报图层、舞区图、电网图层进行叠加，以便直观地判断舞动预测情况。

第9章 输电线路舞动预警案例分析

目前已经形成"中长期 – 短期 – 短临 – 临近"相结合的舞动预测预警服务体系，在"迎峰度冬"过程中，通过精细化气象数值预报结果，能够提前一周获知重要天气过程，形成舞动预测周报，提前一天滚动刷新预警结果，根据不同周期的预测预警信息，被服务单位能够提前布置设备巡检、及时调整电网运行方式、提前安排应急抢险等工作，降低恶劣天气过程中电网故障的发生概率，提高社会用电安全性，提升电网企业的社会形象。

9.1 冻雨覆冰舞动跳闸案例

1. 线路故障概述

2016 年 11 月 21 日 20 时 24 分，某 110kV 线路 I 相间距离 I 段保护动作，重合不成功，故障相 AB 相、测距 2.78km。故障时线路为空充线路。

2016 年 11 月 21 日 21 时 11 分，某 110kV 线路Ⅱ相间距离 I 段保护动作，重合不成功，故障相 AC 相、测距 11.47km。

2. 线路（区段）基本情况

线路 I 投运时间为 2011 年 10 月 13 日。线路全长 22.615km，杆塔共 99 基。故障区段始于 15 号杆塔止于 16 号杆塔，档距为 240m。导线型号为 2×LGJ – 240，地线型号为 OPGW、LHB4 – 100。故障区段平均海拔为 120m，主要地形为平地，地面倾斜角为 0°，边相导线保护角为 10°，现场位置信息为城镇。气候类型为平原气候，常年主导风为西北风，风速为 10m/s，常年平均气温在 18~20℃之间，降水量 5~10mm。线路 I 故障区段线路实景图如图 9–1 所示。

图 9-1　线路 I 故障区段线路实景图

线路II投运时间为 2013 年 6 月 29 日。线路全长 18km，杆塔共 80 基。故障区段始于 46 号杆塔止于 47 号杆塔，档距为 309m。导线型号为 2×LGJ-240，地线型号为 OPGW、LHB4-100。故障区段平均海拔为 120m，主要地形为平地，地面倾斜角为 0°，边相导线保护角为 10°，现场位置信息为城镇。气候类型为平原气候，常年主导风为西北风，风速为 10m/s，常年平均气温在 18~20℃之间，降水量 5~10mm。线路II故障区段线路实景图如图 9-2 所示。

图 9-2　线路II故障区段线路实景图

3. 故障原因分析

经现场调研（见图 9-3）确认，故障线路为同塔双回线路，线路 I 故障点在 15~16 基杆塔之间，线路II故障点在 45~46 基杆塔之间。

根据故障现场的实况天气，11 月 21 日 20 时，故障区段天气实况为阵雨转小雪，气温在 0℃以下，瞬时风力 8 级，湿度值保持在 70%以上。根据《河南电网舞动滚动预测报告》该区域有中等程度舞动概率。

图 9-3　现场调研

分析原因包括以下三项。

1）两条线路先后跳闸，跳闸时间相隔很近，线路同走向，并且发生相间故障，均重合闸不成功，故障时气象条件、跳闸特点均符合舞动特有的特点。

2）2016 年 11 月 21 日 20 时左右，故障发生地区受逆温过程影响，发生一次冻雨过程，造成导线覆冰。故障区段线路走径为东西方向，在北风激励下，发生线路舞动。

3）线路 I、II 故障档距之间均没有加装线路防舞装置，线路舞动后，发生相间短路，导致跳闸。其他地段，均加装了防舞装置，未发生舞动跳闸。

4. 舞动预测情况

根据 2016 年 11 月 20 日预测的未来三天天气变化趋势图，受寒潮过程影响，预计线路故障区域在 11 月 21 日晚会有大风降温过程，并伴随有降雪；湿度在 60%左右并持续攀升，在 21 日达到最大值，平均湿度为 80%。根据滚动天气预测情况及舞动预测模型计算结果，预计 11 月 21 日 18 时～11 月 21 日 24 时，河南省北部、东部地区（新乡、濮阳、安阳、鹤壁、开封、郑州、商丘）有中等程度舞动概率。随着冷空气过程的南移，11月22日0时～11月22日10时，河南省南部地区（驻马店、南阳、平顶山、周口、信阳）有中等程度舞动发生概率。

9.2 多条线路覆冰舞动案例

2019年1月31日凌晨某省电力公司多条220kV线路相继发生跳闸，后经调研、分析判断本次故障为线路覆冰舞动导致，在覆冰和大风的共同作用下造成输电线路舞动，导致相间短路跳闸，舞动预警系统提前两天发布了该地区的舞动预警概率。

9.2.1 线路 I 覆冰舞动案例

2019年1月31日2时57分，220kV线路 I 纵联差动、距离 I 段跳闸，BC相间故障，重合闸闭锁，测距距某 220kV 变电站 17.31km，4时06分强送成功。跳闸发生时段，该地区天气为小雨转中雪，局部大雪，气温急剧下降，北风6～7级，输电线路为东西走向，风向与输电线路走向夹角为90°，输电线路双回架设，垂直排列，故障相BC两相分别为上相和中相，巡视人员到达现场时发现输电线路有覆冰，且有明显的舞动迹象，判断本次故障跳闸为线路覆冰舞动导致。图9-4所示为线路 I 舞动后现场照片。

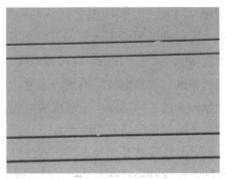

图9-4 线路 I 现场环境及故障点

针对本次线路Ⅰ舞动事件，系统提前两天发布舞动区域红色预警，图9-5所示为针对线路Ⅰ的舞动预警输电线路段查询结果，经过舞动预警模型计算后对该线路段的舞动预警等级为3级。

| 时间：| 2019-01-31 - 2019-02-01 | 线路：| 沈常线 | | 查询 | | | |

线路名称	线路段	舞动预警发布时间	舞动预报时间	舞动概率	舞动振幅(米)	舞动等级
沈常线	沈常线#59沈常线#60	2019-01-29	2019-01-31 00	57.31%		3
沈常线	沈常线#58沈常线#59	2019-01-29	2019-01-31 00	57.31%		3
沈常线	沈常线#57沈常线#58	2019-01-29	2019-01-31 00	57.31%		3
沈常线	沈常线#56沈常线#57	2019-01-29	2019-01-31 00	57.31%		3
沈常线	沈常线#55沈常线#56	2019-01-29	2019-01-31 00	57.31%		3
沈常线	沈常线#54沈常线#55	2019-01-29	2019-01-31 00	57.31%		3
沈常线	沈常线#53沈常线#54	2019-01-29	2019-01-31 00	57.31%		3
沈常线	沈常线#52沈常线#53	2019-01-29	2019-01-31 00	57.31%		3
沈常线	沈常线#51沈常线#52	2019-01-29	2019-01-31 00	57.31%		3
沈常线	沈常线#50沈常线#51	2019-01-29	2019-01-31 00	57.31%		3

图9-5 线路Ⅰ舞动预警结果

9.2.2 线路Ⅱ覆冰舞动案例

2019年1月31日4时20分58秒，线路Ⅱ AC相故障跳闸（从小号侧往大号侧方向看右上相（A相）、右中相（C相）、右下相（B相）），重合闸未动。故障测距为：距小号侧变电站9.9km（22号杆塔附近），距大号侧变电站10.9km（29号杆塔附近）。4时58分10秒强送成功。故障区段天气情况为：该地区出现雨夹雪转中到大雪局部暴雪恶劣天气，气温在−8～−10℃间，东北风，与输电线路走线夹角接近90°，风速11m/s。此段输电线路未安装覆冰、舞动在线监测装置。降水、降温和大风导致输电线路不均匀覆冰，东北风与东西走向输电线路夹角大于45°，在覆冰和大风的共同作用下造成输电线路舞动，导致相间短路跳闸。图9-6所示为线路Ⅱ跳闸后现场调研照片。

针对本次线路Ⅱ舞动事件，系统提前两天发布舞动区域红色预警，图9-7所示为针对线路Ⅱ的舞动预警结果，经过舞动预警模型计算，该输电线路段的舞动预警等级为3级。

图 9-6　线路 Ⅱ 跳闸后现场调研照片

时间：2019-01-31 - 2019-01-31　线路：枣泽Ⅱ线　　查询

线路名称 ◇	线路段 ◇	舞动预警发布时间 ◇	舞动预报时间 ◇	舞动概率 ◇	舞动振幅(米) ◇	舞动等级 ◇
枣泽Ⅱ线	枣泽Ⅱ线#48枣泽Ⅱ线#47	2019-01-29	2019-01-31 00	57.31%		3
枣泽Ⅱ线	枣泽Ⅱ线#39枣泽Ⅱ线#38	2019-01-29	2019-01-31 00	57.31%		3
枣泽Ⅱ线	枣泽Ⅱ线#40枣泽Ⅱ线#39	2019-01-29	2019-01-31 00	57.31%		3
枣泽Ⅱ线	枣泽Ⅱ线#41枣泽Ⅱ线#40	2019-01-29	2019-01-31 00	57.31%		3
枣泽Ⅱ线	枣泽Ⅱ线#42枣泽Ⅱ线#41	2019-01-29	2019-01-31 00	57.31%		3
枣泽Ⅱ线	枣泽Ⅱ线#43枣泽Ⅱ线#42	2019-01-29	2019-01-31 00	57.31%		3
枣泽Ⅱ线	枣泽Ⅱ线#44枣泽Ⅱ线#43	2019-01-29	2019-01-31 00	57.31%		3
枣泽Ⅱ线	枣泽Ⅱ线#45枣泽Ⅱ线#44	2019-01-29	2019-01-31 00	57.31%		3
枣泽Ⅱ线	枣泽Ⅱ线#46枣泽Ⅱ线#45	2019-01-29	2019-01-31 00	57.31%		3
枣泽Ⅱ线	枣泽Ⅱ线#47枣泽Ⅱ线#46	2019-01-29	2019-01-31 00	57.31%		3

图 9-7　线路 Ⅱ 系统舞动预警结果

9.2.3　线路Ⅲ覆冰舞动案例

2019 年 1 月 31 日 3 时 12 分，线路Ⅲ纵联差动、距离 Ⅰ 段跳闸，BC 相间故障，重合闸闭锁，测距距某 220kV 变电站 11.58km，4 时 07 分强送成功。跳闸发生时段，该地区天气为小雨转中雪、局部大雪天气，气温急剧下降，北风 6～7 级，输电线路为东西走向，风向与输电线路走向夹角接近 90°，输电线路双回架设，垂直排列，故障相 BC 两相分别为上相和中相，巡视人员到达现场时发现输电线路有覆冰，且有明显的舞动迹象，判断本次故障跳闸为覆冰舞动所致。图 9-8 所示为线路Ⅲ舞动事件调研现场照片。

图9-8　线路Ⅲ舞动事件现场及故障点

9.3　雨雪冰冻天气现场观测案例

根据系统精细化数值预报，2019年1月30～31日河南全省有一次大范围雨雪过程，并且在驻马店、信阳部分地区可能出现冻雨，冻雨极易引起输电线路覆冰。通过舞动预测预警模型计算出河南全省中部、南部地区有舞动风险，最高预警等级为2级。为落实本次预警情况，国网河南省电力科学研究院组织专业人员，分三个小组分别奔赴南阳、驻马店、尖山真型输电线路综合试验基地开展覆冰舞动现场观测，并对气象参数进行实地测量与对照。河南电力气象台在河南省电力科学研究院安排专职人员24小时值守，时刻与前方现场人员互动和保持沟通，共享最新监测及预警信息、现场观测信息。

9.3.1　现场观测Ⅰ组

具体位置：南阳市新野县沙堰镇

现场气象信息记录见表9-1。

表9-1　　　　　　　　　　　现场气象信息记录

时间	输电线路/地点	现场数据		
		温度（℃）	湿度（%）	风速（m/s）
2019.1.30 AM8:50	某特高压线路	3.4	90	2.5
2019.1.30 AM9:30		3.3	90	2.8

续表

时间	输电线路/地点	现场数据		
		温度（℃）	湿度（%）	风速（m/s）
2019.1.30 AM9:50	某特高压线路	6	77	2.6
2019.1.30 AM10:20		6.7	78.1	2.6
2019.1.30 PM9:30		2.4	90	2.8
2019.1.30 PM10:10		1.4	87.6	2.7

现场覆冰、覆雪记录如图 9−9 和图 9−10 所示。

图 9−9　树枝覆雪与杆塔覆雪照片（30 日晚 9:30 左右）

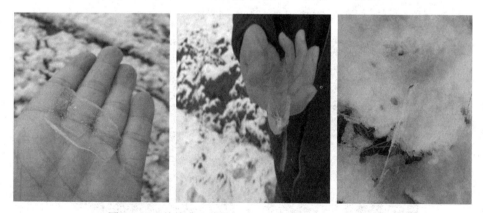

图 9−10　某特高压线路脱落覆冰（厚度 2mm 左右）

通过现场观测，南阳南部地区目标观察输电线路发生覆冰事件，但由于现场风速不高，现场未观察到输电线路舞动事件。线路运维单位反馈未发生因输电线路舞动灾害引起的输电线路故障，输电线路运维班组未发现输电线路舞动现象。

9.3.2 现场观测Ⅱ组

具体位置：驻马店市西平县

现场气象信息记录见表 9-2。

表 9-2 现 场 气 象 信 息 记 录

时间	输电线路/地点	现场数据		
		温度（℃）	湿度（%）	风速（m/s）
2019/1/30 AM10:00		7.1	74.8	3.5
2019/1/30 AM10:15		5.5	84	3.6
2019/1/30 AM10:30		5.5	84	3.5
2019/1/30 AM11:18		5.8	84.5	3.7
2019/1/30 PM1:08	某 500kV 线路	5	93.9	2.9
2019/1/30 PM2:18		4.8	95	3.6
2019/1/30 PM3:16		4.2	97.5	4.2
2019/1/30 PM4:18		3.2	96.6	4
2019/1/30 PM5:12		2.8	98.8	3.8
2019/1/30 PM10:00		0.5	91	3.1

现场覆冰、覆雪记录如图 9-11 和图 9-12 所示。

图 9-11 某 500kV 线路现场覆雪照片（拍摄于 30 日晚 10:20 湿雪未结冰）

图 9-12　某 500kV 线路脱落覆冰

通过现场观测，驻马店、信阳目标观察输电线路发生了覆冰事件，但由于现场风速不高，现场未观察到输电线路舞动事件。线路运维单位反馈未发生因输电线路舞动灾害引起的输电线路故障，输电线路运维班组未发现输电线路舞动现象。

9.3.3　现场观测Ⅲ组

具体位置：新密尖山

现场气象信息记录见表 9-3。

表9-3 现场气象信息记录

时间	输电线路/地点	现场数据		
		温度（℃）	湿度（%）	风速（m/s）
2019.1.30AM0:00	尖山实验输电线路	6.8	38.4	2.2
2019.1.30AM1:00	尖山实验输电线路	6.5	38.4	1.6
2019.1.30AM2:00	尖山实验输电线路	5.4	38.5	2.8
2019.1.30AM3:00	尖山实验输电线路	4.6	39.1	3.8
2019.1.30AM4:00	尖山实验输电线路	5.6	40	1.8
2019.1.30AM5:00	尖山实验输电线路	6.2	39.8	3.1
2019.1.30AM6:00	尖山实验输电线路	5.6	39.4	1
2019.1.30AM7:00	尖山实验输电线路	4.3	39.4	3.8
2019.1.30AM8:00	尖山实验输电线路	4	40.4	2
2019.1.30AM9:00	尖山实验输电线路	5.6	41.2	0.7
2019.1.30AM10:00	尖山实验输电线路	5.9	41.3	2.9
2019.1.30AM11:00	尖山实验输电线路	5.5	42.7	1.7
2019.1.30AM12:00	尖山实验输电线路	4.3	44.4	1.7
2019.1.30PM1:00	尖山实验输电线路	3.1	45.2	3.1
2019.1.30PM2:00	尖山实验输电线路	1	46.5	2.2
2019.1.30PM3:00	尖山实验输电线路	0.4	48.5	5.4
2019.1.30PM4:00	尖山实验输电线路	-0.8	50.3	4.3
2019.1.30PM5:00	尖山实验输电线路	-1.4	51.9	4.3
2019.1.30PM6:00	尖山实验输电线路	-1.5	53.2	4.3
2019.1.30PM7:00	尖山实验输电线路	-1.8	54.4	4.3
2019.1.30PM8:00	尖山实验输电线路	-2.2	55.3	4.3
2019.1.30PM9:00	尖山实验输电线路	-2.8	56.1	4.3
2019.1.30PM10:00	尖山实验输电线路	-3.2	56.8	4.3
2019.1.30PM11:00	尖山实验输电线路	-3.6	57.4	4.3
2019.1.30PM12:00	尖山实验输电线路	-3.8	58	4.3

现场覆冰、覆雪记录如图 9-13 和图 9-14 所示。

图 9-13　尖山观冰（左为 30 日下午 1:40，右为晚 7:50）

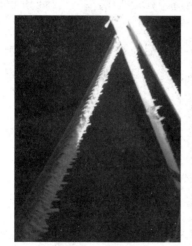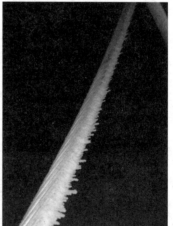

图 9-14　尖山观测段输电线路状态

　　针对类似天气过程，通过预测系统与现场相结合，一方面促进输电线路舞动研究更好地服务于生产，另一方面通过实地观察和互动获得第一手资料，能够推动架空输电线路舞动预警研究深化和提升。

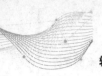

9.4　大面积覆冰舞动案例

9.4.1　线路运行情况

2020 年 11 月 17~23 日，强冷空气自西向东侵袭我国东北地区，造成国网蒙东、辽宁、吉林等地架空输电线路遭受雨雪冰冻灾害，给电网的安全稳定运行带来了影响。

本轮雨雪冰冻天气过程具有降水变化相态复杂、冻雨强度历史罕见、降水量大等特点。受此影响，蒙东、辽宁、吉林、黑龙江等地区输电线路出现了大范围覆冰或舞动现象。

受雨雪冰冻灾害影响，蒙东通辽，辽宁阜新、本溪，吉林长春、吉林、四平、延边、松原、黑龙江五常等地区发生线路覆冰舞动跳闸，共计 284 条 66kV 及以上线路发生覆冰、舞动导致的跳闸故障。

从电压等级来看，受覆冰、舞动影响最多的为 66kV 线路，共有 219 条线路出现跳闸故障；其次为 220kV 线路，共有 53 条线路出现跳闸；500kV 线路共有 12 条发生跳闸，如图 9-15 所示。

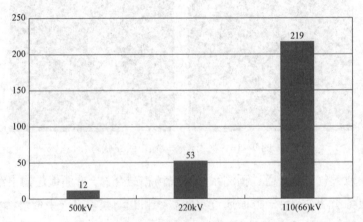

图 9-15　覆冰、舞动线路电压等级分布情况

从故障停运的诱因来看，本次雨雪冰冻灾害中，输电线路共发生舞动跳闸 238

条次，覆冰过荷载 41 条，脱冰跳跃 5 条，如图 9-16 所示。

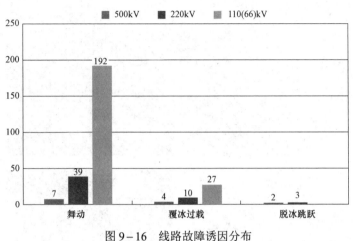

图 9-16 线路故障诱因分布

9.4.2 气象特征分析

1）气象过程。受江淮气旋异常北上影响，11 月 17 日中午开始至 20 日 11 时，蒙东、辽宁、吉林、黑龙江地区陆续出现明显雨雪冰冻天气，强雨雪主要出现在 18～19 日。其中蒙东通辽以雨夹雪转大雪为主；辽宁阜新以雨夹雪为主；辽宁本溪、吉林白城和松原地区以雪为主；四平、长春、吉林北部和延边北部则为雨或冻雨转大到暴雪，转雪时间为 19 日凌晨到上午；其他大部地区则以雨为主，19 日午后到傍晚才陆续转为小到中雪。

2）冻雨气象成因。根据地面形势场分析，强冰冻雨雪天气发生在气旋北侧等压线密集带中；2020 年 11 月 18 日 20 时，长春站 T-lnP 图显示：水汽充沛，湿层较厚，相对湿度≥80%区域向上伸展到 350hPa 附近，1000～925hPa 出现逆温层，850hPa 气温＞0℃，1000～925hPa 气温＜0℃，700hPa 以上各层气温均小于 0℃，形成了冷-暖-冷"三明治"型的温度垂直分布。水滴或冰晶在下降过程中，气温逐渐升高开始融化成水滴或过冷水，到了近地面时，环境气温又再次下降到零度以下，于是水滴遇到附着物迅速冻凝，在车、电线杆、树木、植被及道路表面都会冻结上一层晶莹透亮的薄冰，形成冻雨。现场观测覆冰情况如图 9-17 所示。

图 9-17 典型覆冰情况

9.4.3 分析总结

此次强雨雪冰冻天气过程主要特点如下：

1）降水相态变化复杂，暴雨暴雪同时出现。从 17 日中午开始各地降水相态经历了从雨转为冻雨或雨夹雪，再转为纯雪的复杂变化过程。而且，各地雨雪相态转换时间差异较大，蒙东、辽宁、吉林省西部和东部转雪时间相差不足 24h，出现了暴雨暴雪同日并存的罕见现象。

2）出现罕见的雨雪冰冻天气。18 日午后到 19 日，长春、四平、吉林北部、延边北部等地出现了长时间的冻雨，造成明显的冰冻灾害，给电力设施和居民生产生活带来较大影响。依据吉林有历史观测以来的气象数据统计，电线积冰观测的百年一遇的最大数值为 9.24m，本次过程远超百年一遇极值。

3）降水量突破多项同期历史极值。本次过程历时 4 天，单次过程的全省平均降水量就已经突破了吉林省 11 月上中旬累计降水量的历史极值；23 个观测站过程降水量突破了该站 11 月中旬降水量的历史极值，特别是双阳、伊通、烟筒山等 3 站的过程降水量超过该站月降水历史极值；而且，有 31 个观测站的日降水量突破了该站 11 月日降水量历史极值。

4）雨雪伴随明显的降温大风天气。吉林省中西部有 12 个观测站瞬时最大风力超过 8 级，中部和南部累计降温幅度超过 8℃，大风和降温进一步加重了冻雨、暴雪、暴雨对电力设施的危害。

参 考 文 献

[1] 黄军凯，马晓红，许逯，等. 高压输电线路舞动机理及防治措施 [J]. 科学技术与工程. 2018，18（23）：177－184.

[2] 郭克竹. 基于输电线路覆冰舞动原因宏观分析及措施的创新 [J]. 通信电源技术. 2020，37（2）：258－260.

[3] 曾健. 架空输电线路导线舞动原因及防范对策 [J]. 通信电源技术. 2020，37（5）：165－166.

[4] 李献忠，雷莱. 架空输电线路的舞动原因及防治措施 [J]. 仪表技术. 2019（4）：41－43.

[5] 王冬. 架空线路的舞动分析和扰流防舞器的研究 [D]. 北京：华北电力大学，2011.

[6] 任胜军，任嘉浩. 输电线路覆冰舞动原因分析和治理措施 [J]. 电力安全技术. 2017，17（2）：26－28.

[7] 任永辉. 特高压输电线路舞动及防舞措施研究 [D]. 北京：华北电力大学，2017.

[8] 王晓群. Den Hartog 舞动机理在高压架空输电线路研究中的局限性初探 [J]. 中国高新技术企业. 2008，15（22）：91－93.

[9] 姜雄，楼文娟. 三自由度体系覆冰输电线路舞动激发机理分析的矩阵摄动法 [J]. 振动工程学报. 2016，29（6）：1070－1078.

[10] 孙珍茂. 输电线路舞动分析及防舞技术研究 [D]. 杭州：浙江大学，2010.

[11] 黄浩辉，宋丽莉，秦鹏，等. 粤北地区导线覆冰气象特征与标准厚度推算. 热带气象学报. 2010，26（1）：7－12.

[12] 陶保震，黄新波，李俊峰，等. 1000kV 交流特高压输电线路舞动区的划分 [J]. 高压电器. 2010，46（9）：3－7.

[13] 郭应龙，李国兴，尤传永. 输电线路舞动 [M]. 北京. 中国电力出版社，2003.

[14] 王建，熊小伏，李哲，等. 气象环境相关的输电线路故障时间分布特征及模拟 [J]. 电力自动化设备. 2016，36（3）：109－123.

[15] 谢云云，薛禹胜，文福栓，等. 冰灾对输电线故障率影响的时空评估 [J]. 电

力系统自动化. 2013, 37（18）: 32－41.

[16] 谢运华. 三峡地区导线覆冰与气象要素的关系 [J]. 中国电力. 2005, 38（3）: 35－39.

[17] 蒋兴良, 周仿荣, 王少华, 等. 输电线路覆冰舞动机理及防治措施 [J]. 电力建设. 2008, 29（9）: 14－18.

[18] 胡红春. 冰害、冰闪和舞动的防治措施 [J]. 电力建设. 2005, 26（9）: 31－44.

[19] 陈家瑁. 导\地线覆冰成因及影响因素的分析与思考 [J]. 江西电力职业技术学院学报, 2008, 21（2）: 7－11.

[20] 王丙兰, 宋丽莉, 袁春红, 等. 河南电网输电线路舞动的气象要素指标研究 [J]. 气象. 2017, 43（1）: 108－114.

[21] 朱宽军, 张国威, 付东杰, 等. 中国架空输电线路舞动防治技术 [C]. 自然灾害对电力设施的影响与应对研讨会.

[22] 万成. 输电线路舞动特征参数及风载荷识别方法研究 [D]. 重庆: 重庆大学, 2017.

[23] 葛雄, 雷雨, 侯新文等. 输电线路导线覆冰舞动时力学特性分析 [J]. 江西电力. 2019, 225（12）: 33－38.

[24] 茅卫平, 王奇, 岳琨, 等. 数值预报在天气预报中应用技术. 第33届中国气象学会年会. 2016（11）.

[25] 梁敬儒, 罗慧. 电力气象天气预报 [J]. 陕西气象, 1995（5）: 30.

[26] 卢明. 输电线路运行典型故障分析 [M]. 北京: 中国电力出版社, 2014.

[27] 朱宽军, 刘超群, 任西春, 等. 特高压输电线路防舞动研究 [J]. 高电压技术. 2007, 33（11）: 61－65.

[28] 李哲, 梁允, 熊小伏, 等. 基于精细化气象信息的电网设备风险管理. 工业安全与环保. 2015. 41（12）: 45－48.

[29] 梁允, 李哲, 李帅, 刘善峰, 等. 数值天气预报结果在河南电网生产中的应用 [J]. 河南科技2016,（8）: 46－49.

[30] 张桂华, 齐铎. 基于 WRF 模式的雾霾精细化数值预报系统 [J]. 黑龙江科学. 2020, 11（12）: 82－83.

[31] 王锡稳, 刘治国, 秘晓东, 等. 基于 GIS 的数值预报降水产品精细化方法研究 [J]. 高原气象. 2006, 25（6）: 1190－1195.

[32] 孙健, 曹卓, 李恒, 等. 人工智能技术在数值天气预报中的应用 [J]. 应用

气象学报. 2021, 32（1）：1-10.

[33] 张凯锋，王东海，张宇，等. 动力降尺度和多物理参数化方案组合对华南前汛期降水集合预报的影响研究 [J]. 热带气象学报. 2020, 36（5）：668-682.

[34] 巢亚峰. 分裂导线和多串并联绝缘子覆冰模型与影响因素的研究 [D]. 重庆：重庆大学. 2011.

[35] 郝艳捧，刘国特，阳林等. 风力机组叶片覆冰数值模拟及其气动载荷特性研究 [J]. 电工技术学报. 2015, 30（10）：192-300.

[36] 廖峥. 基于 BP 神经网络的输电线路舞动预测及电网风险预警方法 [D]. 重庆：重庆大学. 2017.

[37] 李清，杨晓辉，刘振声，等. 基于灰色聚类分析的输电线路舞动分级预警方案 [J]. 电测与仪表. 2020, 57（17）：45-51.

[38] 孙小芹. 间隔棒的优化布置与覆冰导线舞动的数值分析 [D]. 天津：天津大学. 2011.

[39] 潘宇. 覆冰输电线路舞动风洞试验及数值模拟研究 [D]. 哈尔滨：哈尔滨工业大学，2015.

[40] 漆梁波. 我国冬季冻雨和冰粒天气的形成机制及预报着眼点 [J]. 气象. 2012（7）：769-778.

[41] 李哲，王建，梁允，等. 基于 Adaboost 算法的输电线路舞动预警方法 [J]. 重庆大学学报. 2016, 39（1）：32-38.

[42] 梁允，许沛华，孙芊，等. 基于滚动的 BP 神经网络的光伏发电功率预报. 水电能源科学. 2017, 35（9）：212-214.

[43] 柳贵钧，王飞，沈晗，等. 北京首都国际机场冻雨过程的模拟及其产生的可能机制 [J]. 气候与环境研究. 2008（2）：135-240.

[44] 李帅，梁允，李哲，等. 基于数值天气预报结果的输电线路舞动预测 [J]. 智能电网2016, 4（12）：1243-1246.

[45] 刘善峰，陆正奇，韩永翔，等. 2008年初贵州电线积冰厚度的模拟研究-基于天气研究和预报（WRF）模式耦合电线积冰预报系统 [J]. 科学技术与工程. 2019, 19（8）：303-309.

[46] 吕中宾，谢凯，张博. 输电线路舞动监测技术 [M]. 中国电力出版社. 2020.

[47] 王有元，任欢，杜林. 输电线路舞动轨迹监测分析 [J]. 高电压技术. 2010, 36（5）：1113-1118.

［48］ GUERRERO J M，VICUNA L G D，José Matas，et al． A wireless controller to enhance dynamic performance of parallel inverters in distributed generation systems［J］. IEEE Transactions on Power Electronics，2004，19（5）：1205－1213.

［49］ 黄新波，孙钦东，丁建国，等．基于 GSMSMS 的输电线路覆冰在线监测系统 ［J］．电力自动化设备．2008，28（5）：72－76.

［50］ Henriques J F，Caseiro R，Martins P，et al． High-speed tracking with kernelized correlation filters ［J］. IEEE Transactions on Pattern Analysis and Machine Intelligence，2015，37（3）：583－596.

［51］ 魏建林，周祥，董丽洁，等．基于光幕传感器的线路舞动监测设备检定系统 ［J］．电测与仪表，2017（3）：45－49.

［52］ 张继芬，张世钦，胡永洪．福建电网气象信息预警系统的设计与实现［J］．电力系统保护与控制．2009，37（13）：72－74.

［53］ 郑旭，赵文彬，肖嵘等．华东电网500kV 输电线路气象环境风险预警研究及应用 ［J］．华东电力．2010，38（8）：1220－1225.

［54］ 成涛，刘建平，邓晓春．湖南电力专业气象预报预警信息平台在湖南电网的应用 ［J］．湖南电力．2011，31（1）：147－149.

［55］ 韩胜，夏宇宁，等．内蒙古电网气象预警服务系统简介［J］．内蒙古气象．2011（5）：42－43.

［56］ 李帅，李哲，梁允，等．河南电力气象系统研究与应用 ［J］．河南科技．2016（11）：26－28.